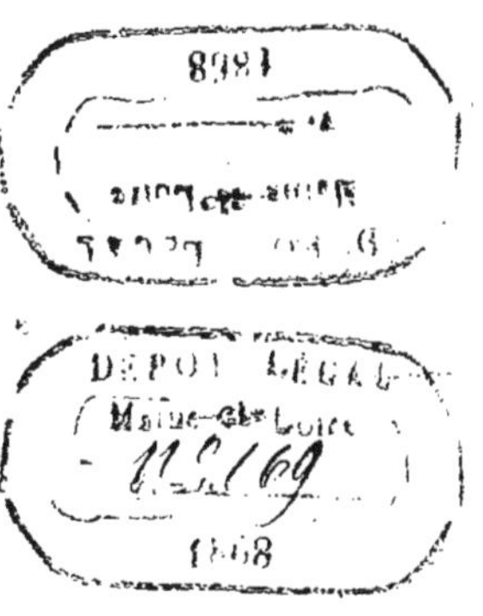

ESSAI

SUR LES ESPÈCES

DU GENRE VERBASCUM

croissant spontanément dans le Centre de la France
et plus particulièrement sur leurs hybrides.

BIBLIOTHÈQUE IMPÉRIALE
IMPR.

ESSAI

SUR LES ESPÈCES

DU GENRE VERBASCUM

Croissant spontanément dans le Centre de la France

ET PLUS PARTICULIÈREMENT SUR LEURS HYBRIDES

PAR

M. A. FRANCHET

Titulaire non résidant de la Société Académique de Maine et Loire.

(*Extrait des Mémoires de la Société Académique de Maine-et-Loire, tome XXII, pages* 65 *à* 204.)

ANGERS

IMPRIMERIE P. LACHÈSE, BELLEUVRE ET DOLBEAU

13, Chaussée Saint-Pierre, 13

1868

ESSAI

SUR LES ESPÈCES

DU GENRE VERBASCUM

Croissant spontanément dans le Centre de la France

et plus particulièrement sur leurs hybrides.

INTRODUCTION.

En étudiant ici le genre *Verbascum*, je me propose surtout de réconcilier avec lui ceux des botanistes qui ne peuvent l'envisager sans appréhension, parce qu'ils sont sans doute loin de soupçonner tout l'intérêt qui s'attache à cette étude. Incomplétement élaboré par beaucoup de floristes, fort habiles du reste, dédaigné par la majeure partie des *herborisants*, exclu, ou à peu près, d'un grand nombre d'herbiers, ce genre est un véritable paria dans le règne végétal.

Je dois avouer qu'il prête un peu à l'oubli général dont il est l'objet. D'abord, comme il doit être recueilli en entier sous peine d'être incomplet pour l'étude, ses grandes dimensions le rendent véritablement encombrant. Un seul spécimen du *Verb. thapsiforme* suffit pour remplir la boîte du botaniste en excursion, tenant ainsi la place d'une foule d'autres espèces beaucoup plus intéressantes à ses yeux.

En second lieu la plupart des espèces de ce genre sont sujettes à revêtir plusieurs formes qui en rendent l'étude assez compliquée, surtout si l'on considère que nos flores ne signalant la plupart du temps qu'un ou deux types d'herbier, le botaniste courra le risque d'en rencontrer beaucoup d'autres qui seront pour lui une cause continuelle d'embarras.

Je ne suis pas partisan du polymorphisme tel que l'entendent ceux qui se posent en adversaires de l'espèce absolue. Je ne crois point à la *race fixée,* comme on l'appelle, ou si l'on veut je n'admets pas qu'une espèce, soit par voie de générations successives et divergentes, soit par une adaptation quelconque à de nouveaux besoins ou à de nouveaux milieux, puisse donner naissance à une autre espèce désormais différente et non reversible au type primitif. J'attends pour me convertir à cet ordre d'idées autre chose que l'exposé plus ou moins logique d'une théorie entraînante, je l'avoue, mais jusqu'ici du moins, complétement dénuée de preuves sérieuses à l'appui [1].

C'est assez dire que je crois à l'espèce créée telle que nous la voyons aujourd'hui, avec ses mêmes attributs, ses mêmes notes distinctives. Je ne crois pas inutile de faire ici cette sorte de profession de foi qui donnera raison des principes qui m'ont guidé dans l'appréciation et l'exposé des faits.

Tout en admettant l'immutabilité de l'espèce dans son essence, c'est-à-dire en lui refusant la faculté de donner

[1] De l'origine des espèces, par Ch. Darwin, traduction de Mlle Clémence Roger.

naissance à un être indéfiniment distinct d'elle-même, il faut bien reconnaître cependant qu'elle est susceptible de certaines variations individuelles, fort légères sans doute, puisque nous ne les voyons pas se transmettre régulièrement par voie de générations successives. C'est ce qui arrive chez la plupart des espèces qui composent le genre *Verbascum*. Certaines manières d'être, prises surtout dans leurs organes de végétation, sont parfois modifiées de façon à faire méconnaître l'espèce par un observateur superficiel. Ainsi, par exemple, à côté de la forme du stigmate, du mode d'insertion des anthères, de la nature du tomentum, qui constituent autant de caractères inaltérables, véritables et seules notes spécifiques, nous voyons varier, presque sur chaque individu, bien que dans certaines limites qu'il est possible de déterminer, la couleur et l'abondance du tomentum, le degré de ramification de la tige, la forme des feuilles, la longueur de leur décurrence, etc., etc.

Le descripteur devra donc se garder de choisir les notes spécifiques, uniquement dans la manière d'être d'organes aussi mobiles. Toutefois il est bon d'ajouter ici, que cette variabilité des organes ci-dessus mentionnés, n'est pas absolue et nécessite une étude particulière dans chaque espèce. Tel organe peut être doué d'une grande instabilité de formes dans une espèce, tandis que dans l'espèce voisine il fournira une note distinctive de premier ordre. Par exemple la couleur et l'abondance du tomentum est insignifiante pour la séparation des espèces de la section *Thapsus*, mais l'importance de ce caractère est réelle dans certaines espèces de la section *Lychnitis* et il suffit à lui seul pour séparer nettement le *Verb. floccosum* du *Verb. lychnitis*. L'école qui se déclare aujourd'hui disposée à réduire *quand même* les espèces, ne se montre-t-elle pas parfois un peu oublieuse de cet important principe, et ne confond-elle pas dans un même dédain des organes dont la valeur distinctive est fort inégale selon les espèces?

Mais il est une cause plus réelle de variation chez les *Verbascum*, d'autant plus importante à connaître qu'elle atteint surtout les caractères réputés inaltérables; cause d'embarras sérieux, avant qu'elle n'ait été sainement appréciée, mais qui, grâce aux travaux d'éminents botanistes, ne saurait aujourd'hui constituer une difficulté. Je veux parler de la singulière faculté, que les *Verbascum* possèdent au plus haut degré, de s'hybrider entre eux et de produire ainsi des êtres intermédiaires aux parents, bien propres à dérouter les appréciations du plus expérimenté, s'il ne possédait la notion préalable du fait.

L'étude des *Verbascum* hybrides est du plus haut intérêt pour le botaniste descripteur, j'entends pour celui qui veut arriver à bien initier les autres à la connaissance exacte des faits. On a dit, je le sais, que l'étude des produits hybrides était seulement du domaine de la tératologie, et nullement du ressort de la botanique descriptive. Je m'inscris hautement contre cette opinion. En effet si le tératologiste peut puiser dans l'examen des cas d'hybridité les éléments d'un chapitre fort intéressant, le floriste, de son côté, doit les rechercher et les faire connaître exactement, ne fût-ce que pour démêler le pur d'avec l'impur, l'espèce légitime d'avec le produit adultérin.

Du reste plusieurs éminents floristes, Schiede, Nœgeli, Koch et plus tard MM. Grenier et Godron, dans leur Flore de France, ont accordé tout autant d'attention et de soins à la description des hybrides, qu'à celle des espèces légitimes; et certes, ceux qui sont tous les jours à même de se servir de leurs excellents travaux, loin de les en blâmer, ne peuvent que leur savoir gré d'avoir rendu plus facile l'étude des espèces vraies, en posant nettement des limites entre deux sortes de productions si différentes dans leur essence.

Ce sont les modèles que je me suis proposé de suivre, autant du moins que je le saurai faire. J'ai cru cependant devoir m'écarter de la voie qui m'était tracée à propos de quelques questions de forme. C'est ainsi que je n'ai point adopté la nomenclature de Schiede, bien que j'aime à reconnaître certains avantages qui lui sont propres. Mais il faut avouer aussi qu'elle offre des inconvénients dont le plus grave à mes yeux est de préjuger une question non résolue dans la plupart des cas, celle du rôle respectif des parents, dans la procréation de l'hybride.

Dans les croisements artificiels, cette nomenclature peut sans doute être appliquée avec une certitude suffisante; mais il n'en est pas de même dans les productions hybrides spontanées, comme j'espère le démontrer plus loin. Je regrette que la question n'ait pas été traitée à ce point de vue, lors du Congrès international de botanique tenu à Paris en août 1867. A la page 218 du volume des Actes de ce congrès, je trouve qu'il a été convenu de nommer les hybrides d'origine douteuse, comme des espèces légitimes, mais je ne vois pas que, par hybrides d'une origine douteuse, on ait voulu dire ceux dans la production desquels le rôle respectif des parents n'est pas suffisamment connu.

Telle est la raison qui m'a tout particulièrement empêché de me servir de cette nomenclature, et m'a fait tenir à celle de Linné qui dans aucun cas du moins ne saurait induire en erreur sur l'origine des êtres. Mais comme d'un autre côté il importe beaucoup de ne point confondre les espèces légitimes avec leurs produits hybrides, je me suis conformé pour ces derniers à la prescription de la loi de nomenclature citée plus haut, relative aux hybrides d'origine douteuse, c'est-à-dire que je les ai distingués par l'absence de numéro d'ordre et en précédant le nom de genre du signe ×. J'ai fait suivre en outre leur dénomination spécifique, des noms de leurs parents, ou présumés tels, mis en parenthèses, avec le signe + interposé. Par exemple × *Verb. schottianum* Schrad. (*v. floccosum* + *nigrum*). En cela j'ai imité plusieurs floristes allemands.

Quant à la place qu'il convient d'assigner à l'hybride dans l'énumération des espèces du genre, deux méthodes se présentaient. L'une consistant à séparer complétement les produits hybrides des espèces légitimes, l'autre à les intercaler dans l'ordre naturel. J'ai suivi cette dernière comme devant faciliter l'étude en établissant mieux les rapports naturels des procréations adultérines avec leurs parents.

Mon travail est divisé en deux parties.

Dans la première j'exposerai d'une façon générale les caractères des *Verbascum*, et j'examinerai la valeur de chacune des notes spécifiques qu'on peut tirer soit de leurs organes de végétation, soit de leurs organes de fructification. Le *Monographia generis Verbasci* de Schrader sera mon guide. Nul n'a mieux parlé des *Verbascum* et n'a su mieux exposer leurs caractères que cet auteur. J'aurai donc souvent à le traduire, parfois à le compléter, rarement à le rectifier. Je ferai suivre cette exposition d'observations sur l'hybridité considérée principalement chez les *Verbascum*. Ici je regrette de n'avoir pu consulter les travaux de Gærtner et ceux de M. Wirtgen. Si donc je répète quelques-unes de leurs observations sans les citer, je demande qu'on ne me considère point comme un plagiaire.

Il n'en est pas de même de l'intéressante notice de M. Paris sur les *Verbascum* des environs de Chambéry, que j'ai dû souvent mettre à contribution. J'aurai du reste soin de faire connaître à l'occasion les observations qui lui sont propres et dont l'honneur doit lui revenir tout particulièrement

Dans la seconde partie, je décrirai avec tout le soin possible les *Verbascum* légitimes ou hybrides suffisamment connus de moi, observés dans le centre de la France ou du moins susceptibles de l'être. J'aurais pu décrire un nombre plus considérable d'espèces, ou d'hybrides, mais je n'ai voulu parler qu'en toute sûreté de cause. On ne devra donc pas s'étonner de ne point voir décrits dans mon travail un certain nombre de types dérivant plus ou moins des *Verb. thapsus* et *phlomoides*, le *Verb. sinuatum* et enfin plusieurs espèces du groupe *Blattaria* sur lesquelles M. Boreau a tout récemment appelé l'attention. Je me montrerai très-sobre d'indications de localités, non pas que je veuille infirmer toutes celles qui ont été signalées par les botanistes, mais dans la crainte de quelque confusion.

J'en dirai autant des synonymes qui m'ont paru tout particulièrement douteux dans le genre qui m'occupe.

Pour mes descriptions, j'ai surtout mis à profit le *Monographia generis Verbasci*, de Schrader; le *Flora excursoria* de Reichenbach; le *Synopsis* de Koch; la Flore du Centre de M. Boreau; la Flore de France de MM. Grenier et Godron.

Je dois aussi beaucoup aux communications d'échantillons qui m'ont été faites, par MM. Em. Martin, le Dr Grenier et A. de Rochebrune, Nouel et Humnicki.

Ce dernier a bien voulu dessiner pour le travail que je soumets aujourd'hui à la bienveillante appréciation de la Société des sciences de Maine et Loire, les corolles et les organes spéciaux de la reproduction. Les études suivies que M. Humnicki a faites sur le genre *Verbascum,* nous sont un sûr garant de l'exactitude de ses croquis.

Du genre VERBASCUM en général.

ORGANES DE VÉGÉTATION.

J'examinerai successivement, dans cette partie de mon travail, les organes de la végétation et les organes de la reproduction.

Toutes les espèces de *Verbascum* appartenant à la flore de France, sont bisannuelles, sauf quelques rares exceptions qui peuvent être considérées comme des anomalies. Les graines s'échappent de la capsule de juin en octobre et donnent naissance à des rosettes de feuilles qui produisent au printemps suivant les tiges florissantes; mais il peut arriver aussi, par suite d'une floraison tardive, que la capsule ne livre passage aux graines que durant l'hiver ou au printemps. Dans ce cas elle germe promptement et les fleurs ne s'en développent pas moins à l'été. La plante est alors réellement annuelle. J'ai constaté ce fait chez le *V. thapsus* et chez le *V. nigrum.*

La *racine* est pivotante, plus ou moins rameuse et n'offre un carctère spécial dans aucun dé nos types français.

La *tige* est solitaire, sauf quelques cas très-rares et qui paraissent dûs à une exubérance de nourriture. Toutefois, si par une cause quelconque elle vient à être brisée au ras du sol, on voit souvent plusieurs rejetons naître du collet de la racine, ce qui pourrait faire croire à la pluralité des tiges ; mais ce fait ne constitue qu'un accident.

La hauteur est très-variable dans une même espèce. Celle du *V. thapsus* s'élève de 0^{m},30 à 2 mètres.

Dans toutes les espèces, les tiges sont rougeâtres, bien que souvent cette couleur disparaisse sous un épais indument. Elles sont également toujours arrondies à la base et pourvues de stries fines. Elles peuvent être anguleuses surtout supérieurement et dans le voisinage des rameaux.

Les tiges sont simples ou rameuses dans une même espèce. Il ne serait donc pas prudent de regarder un type comme distinct sur la seule considération de la tige. Toutefois les rameaux ne se présentent pas toujours sous le même aspect, leur disposition peut fournir un utile caractère pour la séparation des espèces.

Ces rameaux sont épais, courts, dressés et longuement dépassés par l'axe, ex. : *V. thapsiforme,* ou bien encore ils forment un thyrse ou une vaste panicule ex. : *V. floccosum.*

Les feuilles. — J'ai dit plus haut que les feuilles radicales apparaissaient généralement l'année qui précédait la floraison. Elles sont assez peu différentes des caulinaires inférieures. Toutefois dans les espèces à indument serré, elles se montrent généralement plus épaisses. Leur pétiole est presque toujours nul et leurs crénelures peu prononcées. J'en excepte toutefois le *V. sinatum.* Chez les *Blattaria* au contraire elles se montrent plus profondément lobées que les caulinaires et souvent sinuées pinnatifides. Celles du *V. nigrum* sont longuement pétiolées et en cœur à la base.

Tous les *Verbascum* ont des feuilles caulinaires alternes, sauf dans certains cas où elles sont opposées sur les rejets (naissant par suite de la section de la tige)[1].

Les caulinaires inférieures, souvent décrites, et bien à tort, comme feuilles radicales, sont parfois pétiolées, sans que ce caractère m'ait paru stable dans une même espèce. Plus souvent encore, elles sont sessiles, mais jamais décurrentes. Les caulinaires moyennes et supérieures sont rarement pétiolées (*V. nigrum*); mais ordinairement sessiles ou décurrentes, c'est-à-dire qu'elles se prolongent sur la tige par la marge de leur limbe en une aile plus ou moins développée. Les raméales (je nomme ainsi celles qui se trouvent à la base des rameaux que je crois devoir distinguer des bractéales qui accompagnent les glomérules) offrent le même mode d'insertion que les caulinaires supérieures.

Considérées au point de vue de leur forme, les feuilles des *Verbascum* sont très-variables. Dans les espèces françaises, elles ne sont jamais tout à fait entières. Plus ordinairement, elles sont crénelées ou obtusement dentées ; quelques espèces les ont sinuées ou même pinnatifides. En général les radicales et les caulinaires inférieures sont plus ou moins atténuées en pétiole ailé, obovales ou oblongues, les moyennes ovales ou lancéolées, les supérieures lancéolées ou cordiformes, les raméales ne sont que l'exagération de la forme des supérieures.

[1] Les rejets qui apparaissent souvent en grand nombre au collet de la racine lorsque la tige principale a été coupée par accident, offrent presque toujours des caractères anormaux qui pourraient induire en erreur un observateur non prévenu.

Je reviendrai du reste sur ce sujet à l'occasion.

Les feuilles inférieures cordiformes ou tronquées à la base ne se montrent, dans le centre de la France, que sur une seule espèce, *Verbascum nigrum*.

Les feuilles supérieures offrent souvent un long mucron terminal; mais je ne crois pas que la présence de ce mucron soit caractéristique de certaines espèces; il manque positivement dans plusieurs formes du *V. floccosum*, ce dont j'ai été convaincu par la culture.

Les crénelures ou dentelures sont ordinairement plus accusées sur les feuilles caulinaires inférieures et moyennes; elles sont souvent à peine visibles sur les feuilles radicales et disparaissent complétement sur les supérieures et les raméales.

La forme des feuilles fournit une excellente note spécifique, bien qu'elles soient variables dans certaines limites, qu'il est du reste possible de préciser. Je n'en dirai pas autant de ceux tirés de la présence ou de l'absence d'un pétiole. Un semis de *V. thapsus* m'a procuré toutes les nuances, depuis la feuille caulinaire sessile, jusqu'au pétiole long de $0^m,10$.

De même les crénelures ou dentelures sont plus ou moins accusées selon les individus ou plutôt selon l'abondance de l'indument.

Le mode d'insertion me paraît surtout constituer un caractère de premier ordre, aucune espèce n'étant susceptible d'offrir en même temps des feuilles sessiles et des feuilles décurrentes. Le *V. virgatum* fait seul exception à cette règle [1]; ses feuilles caulinaires moyennes sont quelquefois légèrement prolongées sur la tige et

[1] C'est encore ici le cas de citer les rejetons des tiges brisées. Un *V. Thapsus* ayant fleuri dans ces conditions avait les feuilles caulinaires à peine sensiblement décurrentes. Un *V. nothum* les avait tout à fait sessiles. MM. Nouel et Humnicki ont constaté des faits analogues aux environs d'Orléans.

encore est-il juste d'ajouter que l'on n'est pas suffisamment renseigné sur l'identité des deux formes. M. Boreau dans un récent travail, publié dans les Mémoires de la Société Académique de Maine-et-Loire, tome XXII, p. 12, propose de les séparer [1].

Quant à la longueur de la décurrence relativement au mérithale, des observations faites sur un grand nombre d'individus, convaincront facilement que l'on ne doit s'en servir qu'avec une extrême circonspection. Je n'ignore pas que certaines espèces ont été établies principalement sur ce caractère, mais j'avoue ne pouvoir croire à leur autonomie, si l'on ne peut alléguer en sa faveur aucune autre note distinctive.

De même la forme de la décurrence, à moins qu'elle ne soit extrêmement tranchée, ne saurait fournir un caractère sérieux. La décurrence en forme d'aile arrondie, attribuée au *Verb. phlomoides* n'est pas constante et ne paraît être qu'un cas particulier.

Les bractées qui accompagnent les fleurs, soit solitaires, soit réunies en glomérules, ne sont qu'une légère modification de la feuille supérieure ou raméale. Presque nulles dans certaines espèces, chez d'autres au contraire elles dépassent longuement les glomérules au point de rendre l'épi comme chevelu.

Je les crois de nature à caractériser suffisamment certains produits hybrides.

[1] La décurrence des feuilles est du reste tout à fait dans la nature du genre. M. Humnicki m'a fait remarquer que dans toutes nos espèces, même celles à feuilles dites sessiles ou pétiolées, on observait de chaque côté de la feuille ou du pétiole, à leur point d'insertion sur la tige, une ligne, souvent très fine, se prolongeant plus ou moins et qui n'est en réalité qu'une décurrence fort réduite. On s'explique alors que dans certains cas on éprouve de l'embarras à se décider pour ou contre la décurrence des feuilles.

ORGANES DE REPRODUCTION.

Les pédoncules rarement solitaires sont ordinairement groupés en glomérules plus ou moins espacés sur la tige et sur les rameaux. Leur longueur est variable; tantôt plus courts que le calice, tantôt trois ou quatre fois plus longs que lui.

Le calice est quinqueparti ou quinquefide, les sépales triangulaires, lancéolés ou linéaires sont très-inégaux entre eux dans quelques espèces. Dans toutes, les deux inférieurs (pairs), sont les plus grands, le supérieur (impair), est plus petit. Nous observons ces mêmes rapports dans le verticille staminal.

Les dimensions du calice varient de $0^m,003$ à $0^m,012$. Il est généralement un peu accrescent durant la maturation des fruits, époque à laquelle il est souvent partagé jusqu'à la base. Aussi doit-il être observé durant la floraison, si l'on veut juger sainement de sa forme.

La corolle est monopétale, étalée en roue ou un peu concave; mais ce caractère n'est certainement pas stable. On l'attribue généralement aux corolles des *V. montanum* et *thapsus*.

Je reconnais qu'en effet c'est leur manière d'être la plus fréquente; mais j'ai aussi rencontré sur le *V. thapsus* des corolles exactement planes; de même que le *V. floccosum* peut, dans certains cas, les avoir très-sensiblement concaves.

Elle est partagée en cinq lobes inégaux : l'inférieur (impair) plus grand, les deux supérieurs (pairs) plus petits. Ces lobes sont généralement oblongs ou ovales arrondis dans leur pourtour. Chez les *V. thapsus* et *lychnitis*, les bords des deux lobes supérieurs ont une tendance marquée au parallélisme.

Les dimensions de la corolle sont peu fixes dans une même espèce ; celle du *V. thapsus* varie de 0m,015 à 0m,030. Dans le centre de la France, les plus petites corolles, 0m,012, s'observent chez le *V. lychnitis ;* les plus grandes, 0m,044, chez le *V. thapsiforme.*

La couleur jaune est, dans notre région, presque caractéristique du genre, les corolles blanches ne s'observant guère que chez les variétés. Toutefois celles du *V. glabrum* sont constamment d'un blanc rosé. Celles du *V. blattaria* sont colorées extérieurement en jaune brun ou ferrugineux.

Un certain nombre d'espèces présentent en outre à la gorge des stries d'un beau violet qui ne semblent pas sans relation avec la coloration des poils des filets staminaux. Extérieurement, les corolles sont toujours recouvertes de poils courts semblables à ceux de la tige et des feuilles. Intérieurement elles sont glabres sauf à la gorge, où l'on observe ordinairement une ou plusieurs rangées de poils d'une nature analogue à ceux qui croissent sur les filets.

Les corolles tombent le soir même de leur complet épanouissement. Toutefois Schrader fait remarquer avec raison que l'épanouissement peut être retardé par l'état de l'atmosphère, surtout quand il pleut. Leur estivation est imbriquée, subbilabiée et se présente dans l'ordre suivant : le lobe inférieur (impair) est replié le plus intérieurement, les lobes latéraux le recouvrent immédiatement et sont eux-mêmes protégés par les deux lobes supérieurs (pairs).

Les étamines sont au nombre de cinq, inégales entre elles, les deux inférieures (paires) toujours plus longues, la supérieure (impaire) toujours plus courte.

Dans le *V. blattaria*, cette brièveté de l'étamine supérieure est parfois telle qu'on a pu la considérer comme avortée et que dès lors certaines formes ont été rapportées au genre *Celsia*. Cette inégalité des étamines est plus ou moins apparente selon les espèces. Elle est presque nulle chez le *V. nigrum*.

Les filets étaminaux sont souvent plus ou moins recouverts par de longs poils subulés ou plus ordinairement renflés en massue (les deux formes mélangées sur le même filet). Sauf les cas anormaux, les trois filets supérieurs présentent toujours ces poils. Dans quelques espèces, les deux filets inférieurs en sont tout à fait dépourvus (ex. *V. thapsiforme*), mais non pas constamment dans une même espèce, car selon la remarque de M. Paris, on en observe quelques-uns sur le connectif. Si les filets staminaux inférieurs offrent des poils, c'est toujours à un degré d'abondance moindre que les trois autres. Du reste cette abondance progresse régulièrement ; ainsi, tandis que les deux filets inférieurs en sont pourvus seulement sur une de leurs faces et dans leur partie moyenne, l'étamine supérieure (impaire) est comme noyée dans une laine abondante.

Dans notre région, ces poils sont violacés, blancs ou jaunâtres ; les poils blancs et violets s'observent parfois simultanément sur un même filet, soit mélangés sans ordre, soit plus ordinairement séparés, les blancs en bas, les violacés en haut, ou *vice versâ;* soit encore les blancs en haut et en bas et les violacés au milieu.

J'ai dit plus haut que sauf certains cas anormaux, tous les filets staminaux ou tout au moins trois d'entre eux étaient garnis de poils. On rencontre en effet des *Verbascum* dont les corolles en sont complétement dépourvues. Tel est le cas du *Verb. crassifolium* Link. et Hoffm., tel est aussi celui du *Verb. nigrum, var. : gymnostemon* R. et Sch., du *Verb. lychnitis, var. : gymnostemon Franchet,* et d'une forme de *Verb. blattaria.*

Mais est-on suffisamment fondé à établir une espèce uniquement sur ce caractère? je ne le crois pas. Je développerai mon opinion dans le chapitre destiné à la description des espèces.

Les anthères des *Verbascum* sont entre elles dans les mêmes rapports que les filets, c'est-à-dire que les deux inférieures sont plus grandes et la supérieure plus petite.

Parmi nos espèces, le *V. nigrum* est encore celui qui offre le moins d'inégalités sous ce rapport [1].

Les anthères présentent trois modes d'insertion sur le filet. Elles peuvent être transversales, *V. floccosum,* obliques, *V. thapsus*, ou même complétement adnées latéralement, *V. thapsiforme*. Le mode d'insertion des anthères offrant pour la distinction spécifique un caractère de premier ordre, il est extrêmement important pour l'étude des *Verbascum* de se familiariser avec toutes les nuances que peuvent offrir ces organes.

Il m'a semblé intéressant de rechercher à quelle phase du développement du bouton, l'anthère déviait de l'insertion horizontale. Les anthères du *V. thapsiforme* présentant le caractère d'obliquité au plus haut degré, s'offraient tout naturellement à l'observation. Voici le résultat de mes recherches à ce sujet. Pour plus de lucidité, je diviserai l'évolution en quatre phases :

Première phase. (La corolle n'offre encore aucune trace de coloration, les anthères sont d'un vert pâle.) Le filet est régulièrement dilaté en un connectif semicirculaire dont les deux extrémités sont complétement

[1] Une espèce voisine *V. Chaixii* offrirait même d'après M. Paris (p. 24, loc. cit.) cinq étamines parfaitement identiques. J'ai cultivé cette espèce et contrairement à son observation, j'ai toujours vu une différence appréciable dans les étamines.

dégagées de toute adhérence et très-rapprochées du filet. Il s'ensuit qu'à ce premier âge, l'anthère est réellement insérée transversalement. A cette époque, l'anthère dans son pourtour est à peu près double du filet.

Deuxième phase. (La corolle offre une teinte jaune verdâtre dans le bouton, surtout vers le sommet.) La forme jusqu'ici régulière du connectif se modifie singulièrement par suite de son développement inégal, beaucoup plus considérable du côté externe. Il semble comme roulé en crosse. Dès ce moment l'extrémité interne n'est plus distincte du filet, dont la longueur égale, à cet âge, les deux tiers de l'anthère.

Troisième phase. (Les grandes anthères laissent échapper le pollen, la corolle est à moitié épanouie.) L'extrémité interne du connectif s'écartant de plus en plus du filet, le connectif et l'anthère qu'il supporte ne sont plus roulés en crosse comme à l'âge précédent, mais seulement courbés en arc; à cette troisième période, le filet est égal à l'anthère.

Quatrième phase. (La fécondation est accomplie, la loge de l'anthère commence à se crisper.) La fécondation étant opérée, cet âge est pour l'étamine celui de la mort.

Le filet est complétement perpendiculaire, et l'anthère, tout à fait adnée latéralement, est alors plus courte d'un tiers que le filet.

Il faut remarquer dans ce développement de l'anthère que le connectif diminue successivement d'épaisseur et de longueur par rapport au filet. Il importe donc de choisir la même phase de croissance si l'on veut donner le rapport de l'anthère au filet, comparativement dans deux espèces. Dans les espèces où l'anthère des étamines inférieures est insérée seulement un peu obliquement, le développement du connectif est à peu près le même, sauf qu'il se maintient beaucoup plus large et comme en éventail dans les deux dernières périodes d'accroissement.

Chez certains hybrides, l'obliquité ne se fait bien nettement sentir qu'à la quatrième phase.

Les anthères sont semibiloculaires et s'ouvrent longitudinalement de bas en haut. Le pollen est d'un jaune orangé foncé. Les grains de pollen sont finement et régulièrement ponctués, ovales aigus aux deux extrémités et largement sillonnés dans le milieu. Je ne saurais mieux les comparer qu'à un grain de blé. La déhiscence m'a toujours paru s'effectuer irrégulièrement. Il m'a été impossible, en effet, de découvrir des ouvertures préparées d'avance pour l'émission de la fovilla comme on en remarque sur les grains de pollen d'un grand nombre de plantes.

A quelle époque de l'épanouissement s'opère la fécondation chez les *Verbascum?* La fécondation s'opère-t-elle dans les espèces de ce genre à l'aide du propre pollen de l'individu, ou bien à l'aide du pollen provenant d'un autre individu, ainsi qu'on l'a observé dans un grand nombre de plantes?

Cette double question est assurément fort intéressante surtout si l'on considère la faculté singulière que les espèces de ce genre possèdent à un aussi haut degré, celle de s'hybrider entre elles. Toutes les recherches qu'il m'a été donné de faire m'ont amené à ce double résultat :

1° Que la fécondation s'opérait surtout à l'aide du pollen des grandes anthères ;

2° Que l'émission du pollen coïncidait exactement avec l'épanouissement de la corolle et le précédait même quelquefois. Ces deux propositions me semblent démontrées par ce fait que dans tous les boutons en voie d'épanouissement, j'ai toujours trouvé intactes les loges des anthères supérieures, tandis que celles des deux anthères inférieures étaient constamment ouvertes et leur pollen plus ou moins échappé. Cette rupture coïncidait avec la dispersion du pollen sur la surface stigmatique.

Il me semble en même temps ressortir de cette double observation : 1° que le rôle des trois anthères supérieures est à peu près nul dans l'acte de la fécondation; 2° que la fécondation s'opère non-seulement avec le pollen du même individu, mais encore avec celui de sa propre corolle.

Mais comment concilier un pareil mode de fécondation avec la facilité qu'offrent ces plantes de s'hybrider entre elles? Je ne trouve ici qu'une seule réponse à faire à cette question et encore j'avoue ne pouvoir la baser sur une seule observation directe. C'est la stérilité fréquente du pollen. On pourrait peut-être supposer aussi que les grains de pollen ne recouvrant qu'imparfaitement la surface stigmatique, il reste encore quelque place pour un pollen étranger, qui serait alors importé soit par le vent, soit plutôt par les insectes qui pullulent ordinairement sur ces plantes. Quoi qu'il en soit, ce point de l'histoire des *Verbascum,* réclame toute l'attention d'un observateur sagace et patient.

Le style est légèrement infléchi, toujours assez allongé. Il offre ordinairement à sa base des poils analogues à ceux des tiges et des organes foliacés.

Le stigmate est papilleux, légèrement comprimé, il présente au sommet un sillon transversal dans le sens de son aplatissement et semble ainsi composé de deux feuillets inégaux appliqués l'un sur l'autre, l'inférieur ou l'externe étant le plus court.

Les formes du stigmate sont assez variées, bien que rapportables à deux types principaux. Ces formes naissent des différents modes de développement de la surface stigmatique au sommet du style. Tantôt en effet cette surface ne se prolongeant que très-peu sur les côtés du style, ne forme avec lui qu'un angle droit ou même obtus. Le stigmate est dit alors capité. (*V. thapsus, lychnitis, blattaria.*) Tantôt, au contraire, cette surface stigmatique s'allonge beaucoup latéralement de façon à former avec le sommet du style un angle très-aigu. Dans ce cas la portion décurrente du style est toujours plus longue que la partie libre. Le stigmate est dit alors lancéolé ou spathulé. (Ex. *V. thapsiforme.*)

Je crois devoir faire observer ici que la face inférieure ou externe du stigmate (celle qui correspond au plus court feuillet du tissu conducteur) est un peu différente de la face supérieure en ce sens que la surface stigmatique s'y développe toujours plus largement. Pour la distinction spécifique, je ne me suis servi que des caractères tirés de la face supérieure.

Entre ces deux formes extrêmes on rencontre des intermédiaires, mais qu'il est toujours facile d'apprécier.

Le fruit consiste en une capsule coriace, biloculaire, séparable en deux valves à la maturité jusqu'au milieu. Dans les espèces françaises, la capsule ne présente que deux formes assez peu tranchées, du reste. Elle est ou ovale comprimée, un peu atténuée au sommet (Ex. *V. thapsus*), ou globuleuse à peine comprimée (Ex. *V. blattaria*), elle offre toujours de chaque côté un sillon profond.

Les graines sont très-petites, brunes ou fauves, légèrement coniques, tronquées aux deux extrémités et toutes couvertes de fines aspérités. Elles sont semblables non-seulement dans nos espèces françaises, mais encore dans toutes les espèces étrangères que j'ai pu examiner.

D'après tout ce que je viens d'exposer sur les enveloppes florales et les organes de la reproduction, il est évident que les notes spécifiques les plus certaines et les plus fixes doivent être empruntées à ces divers organes.

Le calice peu variable en ses dimensions chez une même espèce, servirait à lui seul pour caractériser la section des *thapsus,* aussi bien que celle des *blattaria.*

La forme des sépales fournit un caractère moins facile à saisir. Ils doivent être étudiés durant la floraison, car ils se déforment pendant la période de la maturation des fruits.

Les corolles varient beaucoup selon les espèces sous le rapport de la taille ; il ne faut donc pas attribuer à cet organe une importance exagérée. Celle du *V. thapsus* offre des écarts de taille très-remarquables. Quant à la concavité, j'ai déjà dit plus haut qu'il fallait s'en méfier.

La forme des lobes est assez semblable dans toutes les espèces, toutefois les deux lobes supérieurs du *V. thapsus* et du *V. lychnitis* sont remarquables par leur étroitesse relative et par cette tendance des bords au parallélisme que j'ai signalée précédemment. Cette forme se retrouve dans les hybrides de ces deux espèces et dans certains cas peut servir à faire reconnaître leur origine.

La couleur blanche qui s'observe assez souvent chez quelques espèces à corolles habituellement jaunes, n'est qu'un accident, un cas d'albinisme.

Il y a peut-être une exception à faire pour la variété *floribus albis* du *V. lychnitis* qui se rencontre aussi communément que le type. J'ajouterai que les semis de *V. lychnitis, floribus albis,* ne m'ont jamais procuré le type à fleurs jaunes.

La présence ou l'absence de poils sur les deux étamines inférieures fournit un excellent caractère. Toutefois il est rare de trouver complétement nues les grandes étamines des espèces dites à filets inférieurs nus. Le

V. thapsus en offre presque constamment quelques-uns épars; le *V. thapsiforme* lui-même n'en est pas toujours tout à fait dépourvu, ne fût-ce que sur le connectif.

Je n'ai vu de complétement nus que les filets des variétés dites *gymnostemon*.

La coloration des poils constitue également une fort bonne note spécifique, cette couleur ne variant pas dans une même espèce [1], sauf quelques cas extrêmement rares et anormaux, ex : *Verbum nigrum*, var. *pilis albis* Thuillier.

Le mode d'insertion de l'anthère est très-constant. Mais ce caractère réclame une grande sagacité d'observation, car ici les différences consistent en nuances, qu'un observateur superficiel sera souvent tenté de considérer comme illusoires. Il importe extrêmement de bien choisir l'époque de l'observation de l'anthère ; vue trop tard, c'est-à-dire trop longtemps après l'émission du pollen, elle est déformée. Examinée trop tôt, elle serait mal appréciée. Le véritable moment de l'observation est celui de la fécondation, c'est-à-dire le matin. Le botaniste, curieux de se bien rendre compte de la véritable forme de l'anthère, devra donc emporter quelques boutons qui s'épanouiront très-bien dans l'eau fraîche. En général, l'obliquité est d'autant plus prononcée que l'anthère est plus adulte. C'est ce qui fait que chez certains hybrides, on ne peut apprécier le mode d'insertion que sur les corolles tombées ou même fanées.

Le stigmate réclame également un œil exercé, on n'apprécie bien sa forme que durant l'acte de la fécondation. Ce phénomène accompli, il se déforme plus ou moins.

[1] Je ne parle que des espèces légitimes.

Quant à la capsule, elle peut servir à caractériser les sections, mais ne saurait être d'aucune utilité pour la distinction des espèces voisines.

DES POILS.

Ce qui frappe tout d'abord l'observateur dans le genre qui nous occupe, c'est l'indument qui recouvre la plupart des espèces dans toutes leurs parties. Très-épais, comme feutré et persistant chez les *thapsus*, il se montre flocconneux, caduc chez le *V. floccosum*. Dans le *V. nigrum*, cet indument devient plus rare. Il manque totalement dans plusieurs espèces de la section Blattaria.

Les poils qui le constituent sont toujours articulés, souvent rameux, parfois bifurqués ou capités glanduleux. Dans ce dernier cas, ils secrétent une liqueur visqueuse.

Schrader attribue aux *verbascum* des poils simulant des étoiles : « subinde etiam pili sparsi et velut stellati occurrunt. » Schrad, mon. I, p. 9.

M. Humnicki m'a fait observer avec raison que ces plantes n'offraient jamais de véritables poils étoilés, mais seulement des poils articulés rameux, à rameaux, comme verticillés. Les articles se séparent facilement sous les verticilles, il en résulte qu'une observation superficielle peut faire croire à l'existence de véritables poils en étoile. J'ai moi-même partagé longtemps cette erreur.

Les poils des *verbascum* sont donc de quatre sortes, dérivant toutes, du reste, d'un même type :

1° Le poil simple bi-triarticulé, l'article terminal toujours subulé, les inférieurs plus renflés;

2° Le poil simple capité tri-quadriarticulé, le dernier

article renflé globuleux déprimé, le premier cylindrique ou parfois un peu étranglé dans son milieu ;

3° Les poils bifurqués ou trifurqués, composés de quatre ou huit articles, les terminaux subulés, les inférieurs cylindriques du double plus gros;

4° Les poils rameux, composés d'une tige multiarticulée offrant de distance en distance des nodosités donnant naissance à des articles inégaux, monoarticulés subulés, disposés en faux verticilles.

Les poils rameux sont le partage exclusif des espèces appartenant aux sections *Thapsus* et *Lychnitis*. Ils se montrent sur toute la plante, sauf l'intérieur de la corolle, les étamines et la portion supérieure du pistil.

Les trois autres formes de poils ne s'observent que sur les espèces de la section Blattaria. On comprend dès lors toute l'importance de la considération de la forme de ces organes accessoires pour l'établissement des sections. Je m'étonne de ne rencontrer nulle part l'indication d'un caractère aussi précis.

DE L'HYBRIDITÉ CHEZ LES VERBASCUM.

Plusieurs cas d'hybridité naturelle ont été constatés chez les *verbascum* dès le commencement de ce siècle. Dans le *Flora Britanica* (1804), Smith cite un hybride né dans le jardin du docteur Edw. Robson et sous ses yeux. Le père était le *Verb. nigrum,* L., la mère le *Verb. thapsus,* L. La description qu'en a laissée Withering permet d'y reconnaître le *Verb. collinum*, Schr., qui se rencontre aujourd'hui assez fréquemment au milieu des parents.

Dans le même ouvrage, p. 251, t. 1, Smith signale un autre hybride issu du *V. pulverulentum* et du *V. ni-*

grum et qu'il nomme conséquemment *Verb. nigro-pulverulentum*. C'est le *Verb. schottianum*, Schrad.

Toutefois, à part quelques faits isolés cités par un petit nombre de floristes, je ne vois pas que l'étude des *verbascum* hybrides naturels ait fait des progrès sensibles jusqu'aux travaux accomplis en Allemagne par Schiede, Reichenbach, Mertens et Koch.

C'est alors seulement que nous voyons ces produits anormaux complétement dégagés et mis en lumière pour le plus grand bien de l'étude du genre.

Les célèbres floristes allemands furent très-heureusement imités en ce point par les auteurs de la Flore de France, MM. Grenier et Godron, qui signalèrent dans leur ouvrage un bon nombre d'hybrides complétement ignorés avant eux.

Plusieurs années auparavant, M. Boreau, les avait précédés dans la voie. La Flore du Centre enregistre en effet la majeure partie des hybrides décrits par eux. Toutefois, par mesure de prudence, M. Boreau crut devoir les décrire sans s'expliquer sur leur origine. Sans doute il n'était pas encore suffisamment édifié sur la nature de ces êtres singuliers, les doutes et les ambiguités qui entouraient la plupart d'entre eux, n'ayant été levés que dans ces derniers temps.

Mais ce progrès ne s'accomplit pas sans quelques tentatives d'un mouvement de recul. M. Bentham dans la monographie du genre qu'il fit pour le Prodrome (1845) biffa d'un trait de plume tout ce qui était, ou tout ce qu'il crut entaché de bâtardise.

D'autre part, El. Fries, *Summa vegetabilium Scandinaviæ* (1846), p. 192, émet le vœu que désormais et dans un temps très-rapproché, les botanistes négligeront dans les ouvrages systématiques tous les cas d'hybridité, comme il a déjà été fait pour les *pelargonium*, et cela pour la raison que tout observateur judicieux ne s'avisera jamais de considérer comme espèce, des plantes qui ne se montrent pas constantes et abondantes dans la nature : « Speramus brevi fore ut botanici in operi« bus systematicis, negligant hybriditates, ut inter « pelargonia, etc., jam factum est. Nemo cautus tan« quam species distinguit plantas in naturâ copiosas et « constantes haud observatas. »

Je me permettrai de n'être pas de l'avis des deux célèbres floristes. Je ferai en outre observer que Fries confond deux faits qu'il importe extrêmement de distinguer, l'hybridité naturelle et l'hybridité artificielle.

Qu'un ouvrage descriptif destiné à faire connaître les plantes d'un pays n'enregistre pas les produits dûs à l'artifice de l'homme, comme est le cas des hybrides du genre *pelargonium*, je ne vois rien de mieux. Le Prodrome nous offre un exemple du chaos inextricable où se jette le descripteur qui prend à tâche de différencier les mille nuances qui peuvent éclore par l'industrie du jardinier. (Conf. Prodrom., t. I. Gen. *pelargonium.*)

Mais que le floriste néglige, de parti pris, un certain ordre de productions naturelles souvent fort abondantes, quoi qu'en disent les auteurs précédemment cités, et certainement constantes dans des limites fort déterminables, voilà ce que je ne saurais admettre et ce que n'admettra point tout botaniste désireux de se rendre compte de ce qu'il observe.

La première qualité requise pour arriver à la connaissance des hybrides, c'est la détermination exacte des espèces légitimes du genre habitant la contrée. Ce point obtenu, le reste s'acquiert facilement.

Lors donc qu'au milieu d'espèces légitimes bien déterminées, apparaissent quelques individus offrant un bizarre mélange de formes caractéristiques de deux de ces espèces, lorsqu'à cette première notion s'en vient joindre une autre, d'une importance extrême, l'avortement des capsules, l'observateur pourra se croire suffisamment autorisé à considérer de tels produits comme hybrides. Je ferai remarquer ici que je ne donne point comme caractère inhérent à l'hybride un degré de rareté plus grand que celui des parents, l'expérience m'ayant appris, contrairement à l'opinion de plusieurs floristes, que dans certains cas les espèces procréatrices peuvent se montrer moins abondantes. Ce fait d'ailleurs paraîtra tout naturel si l'on réfléchit qu'un seul individu fécondé par le pollen d'une autre espèce, peut produire de nombreuses graines résultant de ce croisement.

Dans la vallée de la Vienne, entre Lésigny et Méré (Vienne), sur un parcours de trois kilomètres environ, je pus compter 167 individus de *Verb. nothum* (type et variété *concolor*), tandis que j'observai à peine 100 spécimens des parents, *Verb. floccosum* et *Verb. thapsiforme.*

Aux Eyzies (Dordogne), sur un chemin neuf, allant des Eyzies à Saint-Cyprien, je comptai 49 *Verb. spurium* et seulement 21 *Verb. thapsus* ou *lychnitis;* ici, on le voit, la proportion de l'hybride est plus considérable encore.

Je ne doute pas que des faits analogues n'aient été observés ailleurs, dans la vallée du Rhin, par exemple, et aux environs de Chambéry; c'est du moins ce que je crois pouvoir conclure de l'observation de M. Paris, qui dit avoir compté sur le coteau de Lemenc, 70 à 80 pieds de son *Verb. pulverulento-lychnitis.*

Indépendamment des deux notions principales propres à faire reconnaître les individus hybrides, tirées du mélange des caractères et de l'avortement des capsules, je puis signaler quelques autres notions secondaires, telles que leur plus grand développement : il n'est pas rare de rencontrer des individus de *Verb. nothum,* dépassant 2 mètres ; l'ampleur de leur feuillage, l'abondance et la vivacité du coloris de leurs fleurs. En cela, du reste, les hybrides naturels se comportent comme ceux qui sont dûs à l'artifice de l'homme, qui depuis longtemps sait faire tourner à son profit cette puissance de vitalité caractéristique des produits adultérins.

Étant donné un individu hybride bien reconnu comme tel, le problème n'est pas complétement résolu. Il faut encore lui assigner des parents. Dans certains cas, la chose est facile, je veux dire quand on le rencontre au milieu de deux espèces bien distinctes dont il résume pour ainsi dire les caractères. Ainsi par exemple, le *Verb. schottianum,* croissant au milieu des *Verb. floccosum* et *nigrum*, pourra toujours se voir assigner des parents avec une certitude suffisante. Mais il n'en est pas toujours ainsi. M. Em. Martin et moi, avons recueilli aux environs de Romorantin le *Verb. Lemaitrei,* Bor., au milieu de nombreux *Verb. virgatum* et *thapsiforme;* mais le *Verb. thapsus* croissait aussi dans le voisinage, et si le rôle du *Verb. virgatum* était évident d'une part dans sa création, il n'était pas facile de choisir son autre ascendant parmi les deux espèces citées. Aussi sommes-nous restés dans le doute à cet égard, bien que selon assez de probabilité, cet hybride soit le produit du *Verb. virgatum* et du *thapsus.*

Ce cas est rare fort heureusement, car presque toujours l'hybride ne se trouve qu'au milieu de ses deux parents, ou bien s'il en existe une troisième ou une quatrième espèce dans les environs, ces dernières sont tellement différentes qu'il ne saurait y avoir d'ambiguité.

Les parents de l'hybride bien connus, est-il possible d'assigner le rôle respectif de chacun d'eux?

Dans les cas d'hybridité naturelle, je répondrai hardiment : non, sauf quelques très-rares exceptions dues à une rencontre fortuite, à un heureux hasard [1]. Pour ma part, je ne puis citer qu'un seul exemple. Des graines prises sur le *Verb. floccosum* ont produit, outre l'espèce légitime, un *Verb. nothum* bien caractérisé.

Je sais que plusieurs observateurs ont assigné des règles, certaines selon eux, d'après lesquelles il est toujours permis de reconnaître le rôle des parents. Je me permettrai de faire observer en premier lieu, que ces règles ne sauraient être bien certaines, puisque le plus souvent elles sont contradictoires. Ainsi, tandis que Linné croyait pouvoir poser en principe, que chez les hybrides, les organes de fructification ressemblaient à ceux de la mère et les organes de végétation à ceux du père, De Candolle, Physiologie végétale, p. 716, énonçait une loi tout à fait opposée, s'appuyant sur les expériences d'Herbert relatives aux Amarillydées, il admit en principe que les plantes résultant d'un croisement ressemblaient à leur mère par le feuillage et la tige, et à leur père par les organes de reproduction.

Dans son travail sur les *verbascum* hybrides des environs de Chambéry, M. Paris semble se ranger à l'opinion de De Candolle, et il nomme les plantes conséquemment à ce principe. Toutefois il remarque que ce fait n'est pas constant : « Je ferai voir, dit-il...., comment il arrive parfois que les deux influences alternent « pour ainsi dire de la base au sommet de la plante, si « bien qu'alors il est fort difficile de savoir quelle est

[1] On sait, par exemple, que M. Gay ayant recueilli dans les Pyrénées des graines sur le *Cirsium glabrum*, ces graines semées au jardin du Luxembourg produisirent une autre plante offrant un mélange de caractères appartenant au *Cirs. monspessulanum* et au *Cirs. glabrum*.

« l'espèce qui a fourni le pollen, quelle est celle qui l'a « reçu. » Paris, loc. cit., p. 13 du tiré à part.

Et M. Paris a raison. Mais j'ajouterai que non-seulement les caractères se superposent pour ainsi dire dans certains cas, que non-seulement ils alternent dans d'autres, mais encore que la plupart du temps ils se fondent complétement entre eux.

Qu'on me permette de citer un exemple. J'ai dit précédemment que le *Verb. nothum* était né dans mon jardin, de graines prises sur un *Verb. floccosum*. Il ne saurait donc y avoir ici d'ambiguité, ne fût-ce que sur la plante mère de cet hybride. La portion inférieure rappelait assez bien par son port la même partie chez le *V. floccosum,* mais le *Verb. nothum* présentait en outre des feuilles décurrentes, un tomentum bien plus persistant, bien que moins allongé que celui du *Verb. thapsiforme.*

Si des feuilles nous passons aux rameaux, nous trouvons ces derniers bien plus longs, plus grêles, plus étalés que chez le *V. thapsiforme*, et en cela ils se rapprochent de ceux du *V. floccosum*, dont ils se distinguent tout à fait en ce qu'ils sont longuement dépassés par l'axe [1], caractère emprunté au *V. thapsiforme.*

La dimension des corolles est variable, mais dans tous les cas intermédiaire à celle des parents. J'en dirai autant du stigmate et des anthères inférieures.

Je pourrais multiplier les exemples en ajoutant que dans certains cas il y a prédominance des caractères de l'un des parents dans une portion déterminée de la tige.

[1] Cette longueur de l'axe est très caractéristique chez le V. *nothum*. Que de fois, dans les plaines sablonneuses de la Sologne, n'avons-nous pas, mon excellent ami, M. Em. Martin et moi, reconnu et distingué cet hybride à plus de 100 mètres de distance, au milieu de nombreux *Verb. floccosum* !

Mais cette portion m'a toujours semblé variable, et la prédominance d'une appréciation fort difficile.

Je ne crois donc pas en principe, pour ce qui concerne les hybrides naturels, que M. Duchartre soit fondé à dire : « Il paraît prouvé que les caractères du père et de « la mère ne se fondent pas, mais viennent se placer « côte à côte pour former une plante nouvelle. » (Encyclopédie du XIXe siècle, au mot *Hybride*).

En résumé, je serai donc volontiers porté à admettre que le rôle relatif des parents, tout en se combinant pour la formation des caractères peut, dans certains cas, affecter certains organes d'une façon plus prédominante, sans que pour cela il nous soit permis dans la pratique, de préciser rigoureusement ce rôle, même en concluant d'un fait bien constaté, comme les deux cités plus haut. Soit qu'il n'y ait pas de règle invariable à cet égard, soit que nos observations n'aient pas encore le degré de perfection nécessaire, soit plutôt que la fusion des formes qui se produit toujours d'une manière plus ou moins intense, constitue un obstacle invincible à l'affirmation du rôle respectif des parents.

Ce que nous pouvons dire avec quelque certitude, c'est que le rôle des parents change dans la production de l'hybride, et que les deux êtres résultant de ce changement nous offrent des formes différentes, probablement constantes et toujours facilement appréciables.

J'examinerai maintenant en général, le résultat de l'hybridité sur chacun des organes en particulier.

J'ai déjà dit qu'un premier résultat du croisement était une augmentation notable de proportions dans la tige et les dimensions des feuilles, fait qui sans doute offre quelque corrélation avec la stérilité si absolue ou tout au moins relative de ces êtres.

Le tomentum. — Une des facultés les plus remarquables de l'hybridation, est celle de fixer le *tomentum*. Ainsi les hybrides, dans la production desquels le *V. floccosum* joue un rôle, n'ont jamais le *tomentum* caduc de ce dernier. Ce fait est surtout très-apparent dans le *V. schottianum*.

L'hybridité importe également les poils rameux dans la section *Blattaria* dont les espèces légitimes en sont toujours dépourvues.

Les feuilles. — Les modifications dans leurs formes sont presque toujours très-appréciables, mais surtout quand les deux espèces croisées en offrent de fort dissemblables. Tel est le cas du *Verb. schottianum* dont les caulinaires inférieures, ne sont ni atténuées, ni en cœur, mais ovales, arrondies à la base, c'est-à-dire exactement intermédiaires entre celles des parents. Il y a donc ici une véritable fusion de forme.

Les rameaux. — Il y a fort peu d'hybrides à tige simple. La plupart du temps ils sont très-rameux, plus rameux même que les parents. Les rameaux sont souvent grêles et très-écartés.

Les calices. — L'action du croisement semble avoir pour résultat une diminution notable du calice. Les plus petits du genre appartiennent à des hybrides. Je ne connais qu'un petit nombre d'exceptions à ce fait.

Les corolles. — Elles sont généralement intermédiaires entre celles des parents. Celles du *Verb. lychnitis* et du *V. thapsus,* conservent leur forme spéciale dans la plupart de leurs hybrides. Je ne vois pas que chez les hybrides naturels de *verbascum* elles se montrent plus longtemps persistantes, comme on l'observe chez les espèces fécondées artificiellement.

Les étamines. — Elles sont constituées normalement. Dans les croisements entre espèces à anthères inférieures transversales et les espèces à anthères inférieures obliques, celles des produits sont ordinairement intermédiaires comme dimension et comme forme. Je ne connais qu'un seul cas, *Verb. nouelianum,* où l'anthère soit réellement adnée, comme dans le *V. thapsiforme*, bien que plus petite. Il arrive aussi qu'une seule des grandes anthères est oblique et l'autre transversale (*Verb. spurium, Godroni, soyerianum*). M. Paris est le premier, à ma connaissance, qui ait signalé ce fait, qui du reste n'est pas constant dans un même hybride, soit sur le même individu.

Dans les croisements entre parents, pourvus tous de deux anthères obliques ou adnées, les produits offrent une obliquité bien plus accusée dans leurs grandes anthères. Cela du reste est dans l'ordre. (Ex. : *Verb. Humnikii.*)

Les poils des filets tiennent également le milieu entre ceux des parents, soit comme disposition sur le filet, soit comme couleur; ainsi dans les croisements du *Verb. floccosum* et du *thapsiforme*, les deux filets staminaux inférieurs en sont abondamment pourvus. Quant à la répartition des poils blancs et des poils violacés, je la considère comme pouvant être fort variée. Tantôt en effet, les premiers se montrent à la base du filet, tantôt au sommet. Souvent même ils sont mélangés sans ordre apparent ou du moins appréciable, parfois aussi dans un même hybride, soit sur une même tige, certaines corolles en présentent de tout à fait blancs sans mélange, tandis que dans d'autres se montrent quelques poils d'un violet pâle, mélangés à d'autres entièrement blancs. Je suis néanmoins porté à croire que dans un même hybride, l'ordre de répartition est à peu près constant [1].

[1] Dans une lettre qu'il me fit l'honneur de m'écrire, datée d'el Aghouat, 25 décembre 1865, M. Paris va plus loin : « En 1861, « m'écrit-il, j'ai pu reconnaître et constater d'une façon rigoureuse

BIBLIOTHÈQUE IMPÉRIALE

J'ai observé, d'un autre côté, que le mélange des poils se manifestait plus particulièrement et d'une façon plus intense sur les deux filets staminaux inférieurs ; ce fait n'est peut-être pas sans relation avec celui dont j'ai précédemment signalé l'existence, savoir : *Que dans l'acte de la fécondation, le pollen était fourni par les deux anthères des étamines inférieures,* surtout si l'on considère que l'action du croisement semble toujours se faire sentir plus spécialement sur les étamines longues ou inférieures.

C'est ici le moment de signaler un fait assez étrange qui se produit chez certains hybrides du genre *verbascum ;* je veux parler de la présence de poils violacés sur les filets staminaux, alors que les parents n'en possèdent point eux-mêmes. La présence de ces poils violacés chez le *Verb. nothum* avait été pour Koch, Synopsis, ed. III,

« l'existence d'une loi que j'avais déjà pressentie, sans m'en croire « encore assez sûr pour la formuler d'une manière définitive. Cette « loi, la voici : Toutes les fois que le *V. Chaixii* s'hybride avec des « espèces dont les étamines sont couvertes de poils blancs, la « répartition des poils blancs et pourpres sur les filets staminaux « du produit se fait d'une façon constante suivant que le *V. Chaixii* « a donné ou reçu le pollen.

« Lorsque le *V. Chaixii* est le père, les 2 filets staminaux anté- « rieurs (ou inférieurs) sont à peu près exclusivement, soit même « tout à fait exclusivement, couverts de poils pourpres, les 3 posté- « rieurs (ou supérieurs) étant exclusivement couverts de poils blancs, « ou mélangés seulement à leur base de quelques très rares poils « pourpres.

« Lorsque le *V. Chaixii* est la mère, tous les filets staminaux « sans exception sont couverts de poils blancs *également* mélangés « avec des poils pourpres, ces derniers dominant cependant à la « base du filet, tandis que l'on ne trouve plus guère que des poils « blancs en se rapprochant de l'anthère. » N'ayant point été à même d'observer les hybrides du *V. Chaixii*, je ne puis que signaler ici cette loi, qui me semble d'une importance extrême, mais dont il ne m'a pas été donné de constater l'existence dans les croisements des autres espèces.

p. 444-445, un grand sujet de perplexité relativement à leur origine.

Plus tard, M. Paris, rencontrant cet hybride aux environs de Chambéry, s'efforça de le rattacher à des parents offrant, l'un d'eux du moins, des étamines à poils violacés. Il en fit un *V. chaixii* × *thapsiforme* (loc. cit., p. 19), tentative malheureuse qui ne concordait nullement avec la distribution géographique du *V. chaixii*, puisque M. Paris rapportait le *V. nothum* Koch en synonyme à sa plante.

Cette erreur du reste est très-excusable. M. Paris n'a rencontré qu'un seul individu de son *V. chaixii* × *thapsiforme,* et la couleur des poils était bien de nature à égarer ses recherches. Je commis moi-même une erreur semblable, en refusant de voir dans cette plante un hybride, par la seule raison que partout je l'avais observée loin des espèces à poils violacés.

Le *V. nothum* n'est pas seul à offrir cette singulière particularité. Les *Verb. Godroni* (× *thapsus* + *floccosum*), *Lamottei* (× *thapsiforme* + *floccosum*), *Nisus et Euriale* (× *lychnitis* + *floccosum*), ont aussi leur variété discolore ; plus rarement les deux variétés, concolore et discolore sont réunies sur le même pied.

Le degré d'intensité de coloration est aussi très-variable chez le *V. nothum*, les poils sont souvent d'un beau violet ; dans les autres hybrides cités plus haut, ils se montrent ordinairement d'un violet pâle, passant insensiblement au blanc.

J'avoue ne pas me rendre suffisamment raison de cette anomalie, qui fait que le résultat du croisement de deux espèces à poils staminaux éminemment blancs, soit tantôt un individu à poils staminaux tous blancs, ce qui est normal, tantôt un individu offrant ces mêmes poils en partie violacés, tantôt enfin, des individus présentant tous les degrés de décoloration jusqu'au blanc parfait. Dès l'année 1863, j'entretenais M. Grenier de ce fait, lui suggérant, entre autres conjectures, qu'il en fallait peut-être chercher la raison dans les stries violacées qui se montrent à la gorge du *Verb. floccosum*. On sait en effet que la corolle a d'étroites relations de conformation avec le verticille staminal, et que, dans toute la plante les nervures de la gorge de cet organe, offrent seules des poils d'une nature tout à fait analogue à ceux des filets staminaux.

MM. Em. Martin et Humnicki, dont les recherches et les observations m'ont été d'un si grand secours dans ce travail, m'ont suggéré la même explication, chacun de leur côté. M. Humnicki m'a même assuré qu'il avait observé la disparition des stries de la gorge de la corolle coïncidant avec la présence de poils en partie violacés, sur plusieurs hybrides de *floccosum*.

Quoi qu'il en soit de l'étrangeté du fait et de la réalité de l'hypothèse explicative que je propose ici, c'est un cas que je recommande à la sagacité des botanistes.

Le pollen des hybrides offre la même conformation apparente que celui des espèces légitimes. Toutefois les membranes tégumentaires m'ont toujours paru plus résistantes que chez ces derniers. Les grains de pollen du *Verb. nothum*, mis en contact avec la surface stigmatique, soit du *V. nothum* lui-même, soit du *V. floccosum* ne se sont pas rompus. Il serait bon cependant de répéter cette expérience avec du pollen pris sur d'autres hybrides.

Humectés d'eau légèrement acidulée, les grains de pollen du *V. nothum* ont enfin laissé échapper la fovilla, mais dans un temps comparativement beaucoup plus long que ceux du *V. floccosum*.

Le stigmate revêt chez les hybrides des formes qui

sont d'un grand secours pour leur distinction. En général il affecte une forme qui n'est point celle de l'un ou de l'autre de ses parents, mais qui semble plutôt la combinaison des deux. Dans un petit nombre de cas il offre une tendance plus marquée vers l'un ou l'autre de ses ascendants.

La capsule. — L'avortement de la capsule dans le genre qui nous occupe est un fait remarquable par sa généralité. Il a été constaté par tous ceux qui ont étudié les *verbascum* hybrides naturels. Faut-il en voir la cause dans la dureté de l'enveloppe pollinique, qui ne trouvant pas dans l'humidité de la surface stigmatique un élément suffisant de rupture, ne peut laisser échapper la fovilla ?

Cet avortement qu'on peut dire constant chez les hybrides naturels et plus particulièrement chez les *verbascum*, ne doit-il pas nous faire réfléchir?

Les observateurs qui se sont occupés de fécondations artificielles, et pour n'en citer que deux, M. C. Gaertner qui a croisé plusieurs espèces de *verbascum*, et M. Naudin dont les recherches se sont plus particulièrement portées sur les genres *linaria*, *datura,* etc., sont à peu près unanimes à nous affirmer que les produits ainsi obtenus par leur industrie, se montrent féconds généralement durant trois ou quatre générations. M. Naudin a de plus établi par une suite d'expériences fort intéressantes, que cette fécondité était strictement limitée jusqu'au retour complet de l'hybride à ses ascendants ; mais que dans aucun cas l'hybride ne pouvait devenir la souche d'un être désormais indéfiniment distinct et fécond.

Ainsi donc, chez les hybrides naturels, sauf de très-rares exceptions, stérilité absolue, constatée par tous les observateurs.

Dans les croisements artificiels au contraire, fécondité

fréquente, bien que limitée à un petit nombre de générations, admises par tous les expérimentateurs.

Un résultat si différent chez des productions d'origine si semblable, ne semble-t-il pas indiquer que la nature ne se comporte pas dans ses œuvres de la même façon que l'homme, lorsque ce dernier veut l'imiter, et que nous ne devons pas trop nous hâter de proclamer que nous avons saisi son procédé d'action, lors même que les résultats obtenus offrent toutes les apparences de l'identité.

Et d'ailleurs cet avortement chez les hybrides naturels, n'est-il pas tout à fait dans l'économie de la Providence qui a voulu écarter toute chance de trouble dans l'harmonie de la création et de la production des êtres, et qui, par excès de précaution, si je puis parler ainsi, non contente de dénier aux productions hybrides la faculté de se fixer, leur a même refusé celle de se reproduire, ne fût-ce que dans les limites les plus étroites.

Les expériences de M. Naudin ne seraient donc dans ce cas que la preuve suprême de l'impossibilité d'une perturbation dans l'ordre établi par Dieu, dans le cas improbable ou du moins non encore prouvé, de fertilité chez des êtres qui ne sont en réalité qu'une sorte d'attentat à l'ordre de la création.

Je ne vois pas que l'on ait jusqu'ici songé à comparer les hybrides naturels avec les hybrides artificiels sous le rapport de la fécondité. M. Darwin, dans un ouvrage célèbre, *de l'Origine des espèces,* semble ignorer les importantes particularités que je signale ici, ou du moins parmi les lois qu'il énumère comme gouvernant les hybrides, il néglige de mentionner celle qui leur interdit d'être féconds, quand leur production est spontanée. Je remarquerai même à cette occasion, qu'il ne base guère sa théorie que sur des faits dus à l'artifice de l'homme, sans se préoccuper de savoir s'il lui est permis de conclure aussi complétement d'un fait artificiel à un fait naturel. J'avoue que de la part d'un homme qui a tant vu, et souvent si bien vu, un pareil procédé m'étonne, et que sous ce rapport, je trouve de singulières lacunes dans son ouvrage.

Il est juste de remarquer toutefois, que chez les hybrides naturels de *verbascum,* aussi bien que chez ceux qui appartiennent à d'autres genres, la stérilité absolue n'existe pas. Il arrive que les capsules se développent sous les meilleures apparences de fertilité, mais le cas est bien rare. J'ai certainement étudié à ce point de vue plus de six cents individus hybrides, et trois fois seulement je les ai vus produire des capsules, et encore l'un de ces individus les présentait-il déformées.

Je dois ajouter que je semai les graines, mais qu'il me fut toujours impossible d'obtenir leur germination. Je crois cependant qu'il serait imprudent et prématuré de dénier complétement aux hybrides, la faculté même limitée de se reproduire; mais je crois qu'il m'est permis d'établir, que toutes les observations faites dans ce sens, démontrent suffisamment, qu'à l'état spontané, cette faculté leur est refusée en principe.

Presque tous les *verbascum* peuvent se croiser ensemble, mais dans un degré de fréquence variable et souvent en raison inverse de leur affinité. Ainsi les croisements des espèces de la section *lychnitis* avec celles de la section *thapsus,* sont très-fréquents; ceux de la section *blattaria* avec les deux autres, sont un peu plus rares.

Mais les *thapsus* se mêlent rarement; je n'en connais qu'un seul cas bien constaté, *Verb. humnickii* [1]. Je ne

[1] M. Kirscheleger, Flore d'Alsace, I, p. 543, cite plusieurs autres croisements entre espèces de cette section. Je lui écrivis à ce

connais pas d'exemple d'un croisement entre les *Verb. blattaria* et *virgatum*, sans que je veuille dire qu'il soit absolument impossible d'en rencontrer.

Les *Verb. floccosum* et *lychnitis* s'unissent facilement ensemble, contrairement à ce que nous voyons dans les deux autres sections; j'en dirai autant de ces deux espèces et du *Verb. nigrum*. Ici encore il n'y a donc pas de règle absolue.

Enfin, comme preuve suprême de l'aptitude marquée, manifestée par les espèces du genre à s'hybrider spontanément, je crois devoir citer le *Verb. scrophularia-blattaria*, trouvé par M. Diny, sur les bords du Giessen à Schlestatd, et considéré par lui, comme résultant du croisement du *Verb. blattaria* avec le *scrophularia nodosa*. M. Kirschleger, qui cite ce fait, aussi rare que monstrueux, dans sa Flore d'Alsace, t. II, p. 471, me l'a depuis confirmé dans une lettre.

Enfin, pour terminer cette étude, je répondrai à une dernière question : Pourquoi dans un ouvrage descriptif, assigner des localités aux plantes hybrides?

Je sais bien qu'à la rigueur on pourrait se dispenser de les citer par la raison qu'on doit s'attendre à les rencontrer partout où les parents croissent ensemble. Cependant l'indication de leurs stations ne me semble pas complétement dépourvue d'intérêt, en ce sens que les hybrides me paraissent affectionner certaines localités de préférence à d'autres, et qu'on les y retrouve souvent durant une période de plusieurs années, sans doute en raison de quelque loi mystérieuse qui préside à la production de ces êtres, et en vertu de laquelle, cette pro-

sujet; mais dans la réponse qu'il me fit l'honneur de m'adresser, il m'avoua n'attacher qu'une médiocre importance à ce qu'il avait dit à cet égard dans l'ouvrage cité.

duction exige pour s'effectuer un ensemble de conditions particulières. Ainsi, je recueille depuis plus de dix ans le *Verb. nothum* à la Folletière, commune de Tour en Sologne, et à la Planchette, commune de Cour-Cheverny, bien que dans ces deux localités, malgré des observations attentives, je n'aie jamais pu rencontrer un individu portant des capsules.

Il serait curieux de rechercher si les croisements dans ce genre se produisent aussi fréquemment en Orient que dans l'Europe centrale et occidentale. Dans l'affirmative, le nombre des *verbascum* hybrides doit être effrayant en Grèce et en Asie mineure, car partant de ce principe, que dans une contrée donnée le nombre des hybrides d'un genre peut être égal au produit du nombre des espèces de ce genre, multiplié par le même nombre moins un, les espèces orientales s'élevant à cent (je devrais dire 130 ou 140), il s'ensuit qu'on en peut espérer trouver dans ces heureuses contrées 100 × 99, soit 9,900.

Mais que les botanistes se rassurent. Cette supposition est purement théorique, d'abord parce que les cent espèces exigeant souvent un climat et un sol tout à fait différents, ne sont pas susceptibles de se rencontrer ensemble, et en second lieu parce que toutes les espèces n'ont pas la faculté de s'hybrider également entre elles.

En outre il n'est point démontré que les *verbascum* orientaux aient la même aptitude d'hybridation que leurs congénères d'Occident. C'est du moins ce qui semble ressortir des travaux de MM. Boissier et de Heildreich.

Pour ma part j'ai vu beaucoup d'espèces provenant de ces contrées. Elles m'ont toutes paru légitimes, l'abondance et la constance de leur fructification ne s'accordant guère avec la notion d'hybridité.

Il ne serait point surprenant du reste que cette faculté

d'hybridation ne fût pas égale dans toute leur aire de distribution. Ne savons-nous pas que certaines espèces de saule qui produisent au delà du Rhin de nombreux hybrides, ne se mêlent point en France bien que croissant souvent simultanément dans une même localité?

DESCRIPTION DES ESPÈCES.

Section I. Thapsus. — Anthères des étamines inférieures insérées plus ou moins obliquement sur le filet; feuilles décurrentes; glomérules disposés en gros épi serré au moins au sommet, simple ou offrant à la base quelques rameaux courts et épais; tomentum exclusivement composé de poils rameux, articulés.

1. V. thapsus. L., Flor. suec. 69; Boreau, Fl. du cent. (éd. 3, II, p. 469); Gren. et God., Fl. de France, II, p. 548. — V. Schraderi, Mey. Chl. Hanov., p. 326. — Tige arrondie à la base, obtusément anguleuse au sommet, simple ou rameuse, à rameaux courts, dressés, épais. Feuilles radicales oblongues atténuées à la base très-superficiellement crénelées; les caulinaires inférieures sessiles ou plus rarement pétiolées, les moyennes et les supérieures longuement décurrentes en une aile étroite parcourant toute la longueur du mérithale, les raméales et les bractéales souvent brusquement acuminées. Glomérules disposés en épi serré, composés de 2 à 4 fleurs sessiles ou très-brièvement pédicellées. Calice grand (8 à 12 mill.) partagé jusqu'aux deux tiers en cinq sépales lancéolés aigus, offrant sur le dos une nervure épaisse. Corolle jaune, médiocre (diam. 12 à 30 mill.), à lobes supérieurs sensiblement plus étroits. Trois étamines supérieures à filets abondamment pour-

vus de poils blancs jaunâtres légèrement renflés en massue dans le voisinage du connectif; les deux inférieures sont rarement nues et présentent le plus souvent vers leur milieu et sur leur face interne quelques poils rares. Anthères des deux étamines inférieures insérées obliquement sur le filet. Stigmate capité. Capsule ovale, arrondie à la base, atténuée au sommet, égalant à peine le calice. — Conf. Pl. I, fig. 1.

Plante couverte dans toutes ses parties d'un tomentum épais, persistant.

Hab. Tout le centre de la France, sur le bord des chemins, dans les clairières des bois.

Rapports et différences. Le *V. thapsus* n'offre que des rapports éloignés avec le *V. thapsiforme*. On l'en distinguera toujours facilement à la forme de son stigmate et au mode d'insertion des anthères inférieures.

Variations. — La variabilité se manifeste : sur la couleur du tomentum, d'un vert blanchâtre ou jaunâtre; sur la longueur du pétiole des feuilles radicales et caulinaires inférieures qui peut être nul ou atteindre 0,10 c.; sur les dimensions et la forme de la corolle, le plus souvent concave, mais aussi parfois tout à fait plane.

Observ. 1. On doit se défier des formes automnales et surtout des rejets fleurissant lorsque la tige a été accidentellement brisée. Dans ce dernier cas les feuilles caulinaires moyennes sont souvent à peine décurrentes et les supérieures sessiles. Je n'ai observé les corolles planes qu'à l'automne.

Observ. 2. MM. Grenier et Godron attribuent aux filets des étamines du *V. thapsus*, des poils non renflés au sommet, caractère qui séparerait cette espèce des *V. thapsiforme* et phlomoïdes. M. Paris (loc. cit., p. 4) a déjà relevé cette erreur. Je ferai observer cependant que les poils staminaux du *V. thapsus* sont beaucoup moins évidemment renflés en massue que ceux du *V. thapsiforme.*

2. V. MONTANUM. Schrader, Hort. Goett. fasc. II, p. 18, tab. 12 et monogr. I, p. 33; Koch, Synops. II, p. 442; Boreau, Fl. du cent. II, p. 471; Gren. et God. Fl. de Fr. II, p. 548. — Tige arrondie simple ou à rameaux courts. Feuilles radicales.....; les caulinaires inférieures et moyennes assez longuement pétiolées lancéolées, très-finement crénelées, les supérieures et les raméales étroitement oblongues très-brièvement décurrentes, la décurrence n'atteignant pas la moitié du mérithale. Glomérules disposés en épi serré, composés de deux à trois fleurs sessiles ou à pédoncules très-courts. On observe aussi souvent à la base de l'épi deux ou trois fleurs solitaires écartées, ce qui du reste se remarque également dans l'espèce précédente. — Tomentum d'un blanc roussâtre, plus pâle, à la face inférieure de la tige.

Le reste comme dans le *V. thapsus.*

Hab. les lieux secs. — Bords de la Loire à Nevers (Herb. Boreau) — Indre, Aubris près Châteauroux (id.) — Loir-et-Cher, à l'Escourion, commune de Villefranche-sur-Cher (Em. Martin); Cheverny à Villavrain — Dordogne, sous le château de Beyssac, route des Eyzies à Sarlat.

Cette plante ressemble singulièrement au *Verb. thapsus* et n'en diffère réellement que par ses feuilles caulinaires très-brièvement décurrentes. Les feuilles sont aussi généralement plus étroites, le tomentum plus fauve, la taille moins élevée; mais aucun de ces derniers caractères n'est stable.

J'ai décrit la plante sur un échantillon recueilli en Suisse par Schleicher et que j'ai tout lieu de considérer comme représentant le véritable V. montanum de Schrader; son étiquette portait : *Verb. crassifolium* DC. Je renverrai, au sujet de cette synonymie, à la Flore de France de MM. Grenier et Godron, II, p. 548.

Observ. 1. — Koch, loc. cit., attribue au *V. montanum* des poils blancs sur *tous* les filets staminaux : « filamentis omnibus albo lanatis, 2 longioribus apice « glabris [1]. » Si le floriste allemand a considéré la présence de poils blancs sur les filets inférieurs comme une note spécifique propre à le distinguer du *V. Schraderi* (notre *V. thapsus*), ce que je puis inférer du mode même de l'impression (en italiques) de sa phrase, je pense qu'il a fait erreur, le V. thapsus offrant lui-même fort souvent ce caractère. Il est possible cependant qu'il n'ait entendu par ces mots que le différencier du V. phlomoides dans le voisinage immédiat duquel il le place. Mais dans ce cas il aurait dû signaler le degré relatif de rareté de ces poils, même chez le *V. montanum;* la phrase « filamentis omnibus lanatis » étant généralement réservée aux espèces des deux sections suivantes.

Schrader avait bien mieux apprécié ce caractère quand il dit de son V. montanum : « filamenta lanâ « albidâ vestita : tria minora ex toto; duo majora tan- « tum pilis sparsis obsessa, rarius nuda. » Schrad., Mon. I, p. 34.

Koch commet une nouvelle erreur en rapprochant cette espèce du V. phlomoides. Schrader, loc. cit., lui attribue seulement le calice du *V. phlomoides* et les

[1] Il est presque superflu de rappeler ici que dans cette même diagnose, le typographe a commis une erreur grave au sujet de la longueur de l'anthère relativement au filet, en imprimant : « filamentis... 2 ... antherâ suâ quadruplo brevioribus ». Il eût fallu mettre « longioribus ». M. Ch. Desmoulins a du reste relevé cette erreur depuis longtemps dans son Catalogue des plantes de la Dordogne.

fleurs du *V. thapsus*. Ici encore il a donc mieux saisi les rapports de la plante.

M. Boreau reproduit à peu près la description de Koch et semble également insister sur l'indument des cinq filets staminaux. C'est donc avec raison que les auteurs de la flore de France se sont contentés d'assigner au *V. montanum* comme note différentielle du V. thapsus la grande brièveté de la décurrence des feuilles.

Observ. 2. Ce n'est pas sans quelques doutes, que j'ai admis le *V. montanum* au nombre des espèces. Il ne faut pas se dissimuler que sa distinction ne repose que sur un seul caractère, d'une faible valeur si l'on réfléchit que la longueur de la décurrence est variable dans les espèces de ce genre. M. Bentham propose de le réunir au *V. thapsus* comme simple variété. M. Paris, qui a souvent eu occasion de l'observer aux environs de Chambéry, me semble disposé à suivre cette opinion. Voici la raison qu'il en donne : « J'ai remarqué que « lorsqu'une tige du V. thapsus est coupée près de terre « au printemps, le tronçon émet de fausses tiges sur « lesquelles la décurrence des feuilles est bien moins « prononcée que sur les feuilles normales; elles ont « complétement l'aspect que doit présenter, d'après les « descriptions que l'on en donne, le V. montanum. » Cette observation est fort juste. Toutefois M. Paris signale ici une anomalie, résultant d'un accident, et qui dénote seulement le peu de fixité inhérente à la décurrence. Mais cela ne prouve rien contre l'autonomie du *V. montanum*, chez lequel la brièveté de la décurrence se manifeste sur les individus parfaitement intacts.

C'est du reste une plante facile à reconnaître, et qui dans son ensemble offre un *facies* particulier, qu'il est presque impossible de faire apprécier par une description.

× V. HUMNICKII Franchet (V. thapsus + thapsiforme).

Tige cylindracée rameuse, à rameaux épais dressés. Feuilles caulinaires inférieures inégalement crénelées, dentées, atténuées en pétiole presqu'aussi long qu'elles, ovales lancéolées; les caulinaires moyennes et supérieures décurrentes d'une feuille à l'autre, à décurrence large et ondulée. Glomérules disposés en gros épi serré, sauf les inférieurs, et composés de deux à six fleurs brièvement pédonculées. Calice grand (8 à 10 mill.) partagé jusqu'aux deux tiers en cinq sépales lancéolés aigus. Corolle grande atteignant 44 mill., un peu concave, à lobes supérieurs sensiblement plus étroits et plus courts. Trois étamines supérieures à filets pourvus de poils blancs, jaunâtres sous le connectif, les deux filets inférieurs glabres. Anthères inférieures tout à fait adnées latéralement plus grandes que celles du *V. thapsus*, moitié plus petites que celles du *V. thapsiforme*, stigmate ovale dans son pourtour, comme tronqué supérieurement, décurrent sur les côtés du style, la décurrence étant double environ de la surface stigmatique libre.

Les capsules avortent. — Conf. Pl. I, fig. 3.

Le tomentum est celui du V. thapsiforme.

Trouvé une seule fois à Luxeuil (Vosges) par M. Humnicki le 26 juillet 1867, au milieu de nombreux *V. thapsus* et *thapsiforme*.

Curieux hybride dont la parenté, indépendamment même des conditions dans lesquelles il a été trouvé, serait suffisamment attestée par le mélange bizarre de formes qui caractérisent ses organes de reproduction, mélange qui le fera toujours aisément distinguer du *V. thapsiforme*.

J'ai toutefois hésité à lui attribuer une dénomination nouvelle. Tenore, ad Fl. neap. prod. app. V, p. 9 et Fl. nap. tab. 214, décrit un *Verbascum macrurum* dont la description convient bien à l'hybride cité plus haut.

Ayant eu occasion de voir un spécimen cultivé du *V. macrurum*, mon hésitation a failli se changer en certitude, et si ce n'eût été la considération de l'abondance des capsules et de la fécondité des graines dans la plante de Tenore, je lui aurais hardiment rapporté l'individu trouvé à Luxeuil, sur l'origine hybride duquel on ne saurait au reste avoir aucun doute.

3. V. THAPSIFORME Schrader Mon. I, p. 21; Koch, Synopsis II, p. 442 (éd. 3); Boreau, Fl. du cent. II, p. 470; Gren. et God., Fl. de Fr. II, p. 549.

Tige très-élevée de 1 à 2 mètres, arrondie, simple ou à rameaux très-courts, épais, dressés. Feuilles crénelées, les radicales oblongues atténuées en pétiole, les caulinaires inférieures de même forme, mais à pétiole souvent plus allongé, les caulinaires moyennes et les supérieures obovales plus ou moins apiculées largement et très-longuement décurrentes (d'une feuille à l'autre), les bractéales lancéolées, souvent longuement acuminées. Glomérules disposés en épi serré, souvent interrompu à la base, composés de trois à cinq fleurs à pédoncules inégaux, les plus longs égalant à peine le calice. Calice grand (1 centimètre environ), partagé jusqu'aux trois quarts en cinq sépales ovales, aigus. Corolle très-grande (30 à 40 millim.), plane, à lobes arrondis, les deux supérieurs un peu plus allongés. Trois filets staminaux supérieurs, munis de poils blancs depuis leur tiers inférieur, jusque sous le connectif, les inférieurs glabres ou offrant parfois quelques poils épars sous les loges de l'anthère. Etamines inférieures à anthères tout à fait adnées latéralement, environ une fois plus courtes que le filet. Stigmate étroitement lancéolé, obtus, très-décurrent sur les côtés du style (la décurrence étant quatre à cinq fois plus longue que la partie libre). Capsule subarrondie, un peu rétrécie au sommet. — Conf. Pl. I, fig. 2.

Plante couverte d'un tomentum épais persistant, souvent jaunâtre.

Hab. Les champs sablonneux incultes, les vallées des grands cours d'eau, etc. — Tout le centre de la France.

Rapports et différences. — Le *V. thapsiforme* rappelle beaucoup par son *facies* le *V. thapsus.* Mais on l'en distinguera toujours sûrement et facilement à la forme de ses anthères inférieures et de son stigmate. Ses feuilles longuement décurrentes, et la disposition en épi serré des glomérules de fleurs, le séparent plus ou moins nettement du *V. phlomoides.*

Variations. — Je m'abstiendrai ici de signaler les nombreuses variations du *V. thapsiforme,* parce que des auteurs sérieux les considèrent comme des espèces distinctes. Schrader, entre autres, dans sa monographie, les a étudiées avec beaucoup de soin.

Pour ma part, je n'ai pu jusqu'ici me former une conviction motivée à cet égard. Des correspondants bienveillants m'ont promis les éléments d'étude, pris dans les localités mêmes de Schrader. J'espère donc qu'il me sera possible de donner prochainement un supplément à mon travail. Toutefois, dès aujourd'hui, je puis dire que chez le *V. thapsiforme* les principales variations portent sur le degré de décurrence des feuilles et sur la disposition des glomérules, très-rapprochés dans le type, plus ou moins écartés dans certaines formes.

Le *Verb. thapsiforme* nous offre une autre variation constituée par l'absence complète de poils sur tous les filets staminaux. Cette anomalie, car ce nom lui conviendrait mieux, est fort rare, mais n'est point particulière à cette espèce, comme je le ferai voir plus loin.

Jusqu'ici tous les floristes, à l'exemple de Link et Hoffmansegg, ont considéré cette anomalie, comme suf-

4

fisante pour élever au rang d'espèce [1] la plante qui en était affectée, oubliant sans doute qu'elle se présentait également chez le *V. nigrum*, et que Rœmer et Schultes, Syst. végét., IV, p. 345, s'étaient avec raison contentés d'en faire la variété *gymnostemon*, du *V. nigrum*.

Grâce à l'obligeance si connue de M. Lasègue, conservateur de la bibliothèque et du musée Delessert, j'ai pu étudier tout à loisir le *V. crassifolium* Link et Hoff., dans la Flore de Portugal. Comme cet ouvrage, excessivement rare, n'existe que dans un très-petit nombre de bibliothèques publiques, je ne crois pas inutile de citer ici textuellement les auteurs.

Verb. crassifolium Link et Hoffm. Flor. du Port., I, p. 213 : « Caule foliisque dense tomentosis, filamentis « glabris. »

« Caulis erectus, plerumque simplex. Folia inferiora « valde angustata, acuta; omnia obsolete crenata, utrin- « que concolora. Anthurus simplex densus. Bracteæ « lanceolatæ. Corolla flava. Biennis. »

Planche 26, fig. 1, 2, 3, 4, 5.

« Synonyma Dodonæi et J. Bauhini à Decandollio « citata, dubia sunt. Icones saltem pessimæ. »

« *Verb. thapsus.* Nullibi in Lusitaniâ reperimus. « Clar. Brot. tamen habet. An verum? An crassifolium « hoc nostrum? et filamenta tria hirsuta esse perhibet. »

J'ajouterai que d'après la planche citée, l'inflorescence est simple en épi serré, même à la base. Les anthères des étamines inférieures sont très-grandes, tout à fait adnées. Le stigmate, faiblement rendu dans les corolles noires isolées, donne assez bien l'idée, dans celles qui

[1] Je ne vois que M. G. Bentham qui, dans le Prodrome, ait émis des doutes sur l'autonomie du *V. crassifolium* et proposé de le rapporter en variété au *V. Thapsiforme*.

sont coloriées, du même organe chez le *V. thapsiforme.*

Les feuilles caulinaires inférieures sont spatulées, très-obtuses, sans pétiole apparent, les caulinaires sont longuement décurrentes.

Je crois donc qu'il m'est permis de dire que les auteurs de la Flore du Portugal ont eu affaire à un cas anormal du *V. thapsiforme*, puisqu'il est impossible de différencier de cette espèce leur *Verb. crassifolium*, autrement que par l'absence de poils sur tous les filets staminaux. Cette manière de voir emprunte un nouveau degré de certitude à la production, dans des conditions semblables, du même fait, ou si l'on veut de la même anomalie chez d'autres espèces, *Verb. nigrum*, *lychnitis*, *Blattaria.* Je propose de réunir le *V. crassifolium* Link. et Hoffm. au *V. thapsiforme* dont il deviendra alors la variété *gymnostemon* caractérisée par l'absence de poils sur tous les filets staminaux.

4. V. PHLOMOIDES. L. sp. 253; Schrad. monog. I, p. 29; Boreau, Fl. du cent. II, p. 470; Koch, synops. II, p. 442; Gren. et God. Fl. de Fr. II, p. 549.

Feuilles caulinaires moyennes et supérieures très-brièvement décurrentes en une aile arrondie ou cunéiforme. Glomérules de fleurs ordinairement assez écartés. — Tous ses autres caractères lui sont communs avec le V. thapsiforme.

Hab. Les champs sablonneux et incultes, les vallées — çà et là dans toute la Sologne, les bords de la Loire, du Cher, de la Vienne, etc.

Observ. 1. Le *V. phlomoides* est au *V. thapsiforme*, ce que le *V. montanum* est au *V. thapsus*, avec cette différence qu'on ne trouve pas d'intermédiaires entre ces deux derniers, sous le rapport de la décurrence des feuilles, tandis qu'ils abondent entre les deux premiers, que l'on considère ou non ces intermédiaires comme des variétés ou comme des espèces distinctes. L'intervalle entre les glomérules varie aussi dans beaucoup de cas. Il en résulte que lorsque ces variations se manifestent en sens contraire sur un même individu, il est souvent fort difficile de le rapporter à l'une ou à l'autre espèce. Ainsi il n'est point rare de rencontrer des individus dont les feuilles sont décurrentes sur toute la longueur du mérithale, et dont l'inflorescence est en même temps composée de glomérules très-espacés ; de même qu'il s'en présente parfois dont les feuilles sont à peine décurrentes et l'inflorescence en épi très-serré. On serait donc presqu'autorisé à dire que les différentes combinaisons de caractères, qui ont donné lieu à l'établissement des deux espèces, peuvent dans certains cas être interverties de façon à faire douter de la légitimité de leur séparation.

L'étude consciencieuse de ces intermédiaires pourra seule résoudre cette question.

Observ. 2. MM. Grenier et Godron, dans leur Flore de France, ont cru trouver une note spécifique dans la longueur des grandes anthères considérée relativement à celle du filet. Ainsi, tandis qu'ils attribuent au *V. thapsiforme* des anthères *une fois et demie plus courtes que leurs filets*, ils disent celles du *V. phlomoides* 2-3 *fois plus courtes que leurs filets*. Si ce caractère existe réellement chez leur *V. phlomoides*, je dois reconnaître que cette plante m'est inconnue et mérite tout à fait d'être distinguée. Pour mon compte, j'ai toujours trouvé semblables les anthères des étamines inférieures, dans les deux espèces, c'est-à-dire une fois, ou à peu près, plus courtes que leurs filets. Je suis fort tenté de croire que ces floristes ont étudié comparativement les anthères des *V. phlomoides* et *thapsiforme* à une époque différente dans les deux plantes, ce qui explique parfaitement leur erreur. J'ai dit en effet (page 81) que la longueur de l'anthère, relativement au filet, variait beaucoup selon l'âge de ces organes.

Observ. 3. En décrivant cette espèce, Linné avait sans doute sous les yeux un individu dont la décurrence était très-peu accusée; c'est du moins ce qu'on peut inférer de sa description. Ce caractère purement individuel fut tellement exagéré plus tard par quelques botanistes qu'ils arrivèrent à décrire le *V. phlomoides* comme ayant des feuilles sessiles [1], soit même semi-amplexicaules [2]. Les floristes modernes ont été meilleurs observateurs.

× V. NOUELIANUM Franchet (V thapsiforme + floccosum?) tige atteignant 2 mètres, arrondie rameuse, rameaux assez courts, dressés, épais. Feuilles caulinaires moyennes lancéolées aiguës, les supérieures cuspidées, longuement décurrentes (à décurrence parcourant la longueur du mérithale), glomérules de deux à quatre fleurs, disposés en épi serré sur la tige et sur les rameaux; pédoncule nul ou égalant à peine le quart du calice. Calice grand (8 à 10 mill.), partagé jusqu'aux deux tiers en cinq sépales lancéolés subaigus. Corolle grande (30 mill.), plane. Tous les filets staminaux sont revêtus de poils blancs jaunâtres, les trois supérieurs jusqu'au sommet, les deux inférieurs un peu moins abondamment, les poils ne se montrant que sur leur face latérale et s'arrêtant aux trois quarts du filet. Anthères des grandes étamines insérées très-obliquement, presque adnées, environ deux fois et demie ou trois fois plus courtes que leur filet. Stigmate ovoïde, arrondi au sommet, sa décurrence sur les côtés du style égalant

[1] Merat, Flore paris. — De Candole, Synopsis plant., etc., etc.
[2] Reinchebach, Flora excursoria.

environ deux fois sa surface libre. Les capsules ne se sont point développées. — Conf. Pl. I, fig. 4.

Toute la plante est couverte d'un tomentum analogue à celui du *V. thapsiforme.*

Hab. Les bords de la Loire, près Orléans (Loiret) où il a été découvert par M. Nouel, qui du reste n'a observé qu'un seul individu sur lequel j'ai fait ma description.

Rapports et différences. Le V. Nouelianum a le port du V. thapsiforme, bien que ses rameaux m'aient semblés un peu moins gros. Mais il s'en distingue facilement ainsi que de tous ses congénères de la section *thapsus*, par l'abondance des poils qui couvrent ses filets staminaux inférieurs.

Observ. — J'ai des doutes sur la parenté de cet hybride. Le *V. thapsiforme* doit être certainement regardé comme l'un de ses ascendants. Mais quel est l'autre? Toutes les probabilités sont pour le *V. floccosum*, dans le voisinage duquel, il a du reste été trouvé. Les considérations tirées de l'examen de ses organes reproducteurs, viennent encore, ce me semble, corroborer cette opinion. Il serait donc frère du *V. nothum.*

Le *Verb. Nouelianum* est surtout remarquable par la présence de poils nombreux sur ses filets staminaux, même sur les deux inférieurs. Je ne connais pas d'exemple d'un fait analogue se produisant sur une autre plante, légitime ou hybride, réunissant à un aussi haut degré tous les caractères particuliers à la section des thapsus.

Plantes hybrides résultant du croisement du V. FLOCCOSUM avec une espèce de la section THAPSUS.

— Anthères des étamines inférieures insérées obliquement; feuilles plus ou moins décurrentes

× V. NOTHUM Koch. Suppl. z. D. fl. inéd.; Synop. (éd. 3. II, p. 444). Boreau, Fl. du cent. II, p. 471 (V. thapsiforme + floccosum);

Tige de 1 à 2 mètres, arrondie ou légèrement anguleuse au sommet simple, à rameaux courts, ou plus ordinairement très-rameuse à rameaux grêles effilés, très-longuement dépassés par l'axe. Feuilles superficiellement crénelées, les radicales obovales, les caulinaires inférieures oblongues à pétiole assez allongé, rarement nul, les moyennes et les supérieures lancéolées, décurrentes ainsi que les raméales qui sont ovales ou arrondies, brusquement acuminées. Glomérules assez rapprochés sur la tige et les rameaux, souvent enveloppés dans un duvet floconneux caduc, composés de cinq à douze fleurs sessiles ou brièvement pédonculées. Calice petit (2 à 5 millim.) partagé jusqu'aux trois-quarts en cinq sépales lancéolés aigus. Corolle ordinairement fort grande (40 mill.), plus rarement médiocre (20 mill.), plane, d'un beau jaune, souvent marquée de stries violacées à la gorge. Filets staminaux tous munis de poils, les inférieurs nus sous l'anthère et sur l'une de leurs faces. Poils des filets tous blancs, ou mélangés d'autres violacés, principalement sur les étamines inférieures. Anthères inférieures insérées obliquement, au moins quatre fois plus courtes que les filets. Stigmate lancéolé subaigu, décurrent sur les côtés du style (la surface décurrente égalant environ la surface libre).

Les capsules avortent constamment. — Conf. Pl. II, fig. 5. Tomentum rappelant celui du *V. floccosum*, surtout dans la portion supérieure de la tige, mais plus persistant sur les feuilles, et souvent d'un blanc jaunâtre.

Hab. Au milieu des parents, dans les champs sablonneux incultes, les vallées, etc. — La Sologne, Cour Cheverny, Cheverny, Tour en Sologne, les environs de Romorantin (Em. Martin). — Probablement toute la vallée de la Loire — Loiret — Orléans! (Nouel, Humnicki). — Indre-et-Loire; Tours! Chinon! Abilly! vallée de la Creuse (rive droite) de Lesigny à Méré! — Cher; Bourges! — Maine-et-Loire; Chalonnes, Ecouflant (Herb. Boreau). — Coteaux de la Loire (Herb. Bastard). — Charente, à Bourrisson (de Rochebrune).

Le V. nothum offre deux variétés :

α. Concolor. — Poils des filets staminaux tous blancs. V. mosellanum Wirtg. Verb. Rhen. exss. n° 6. — Boreau, Fl. du cent. (éd. 3), II, p. 471.

β. Discolor. — Poils des filets staminaux en partie d'un violet intense ou pâle. — V. nothum Koch, loc. cit. (type).

Variations. — Les principales variations portent sur la tige qui offre tous les degrés intermédiaires, depuis la tige simple, jusqu'à une ample panicule; sur la longueur de la décurrence parfois très-courte, d'autres fois parcourant toute la longueur du mérithale; sur les dimensions de la corolle; sur le degré d'obliquité des deux grandes anthères, souvent très-accusée, mais pouvant aussi ne se manifester évidemment que sur l'une d'elles; enfin la variation atteint surtout la coloration des poils des filets staminaux, en ce sens qu'on trouve tantôt des individus offrant ces poils tous blancs, tantôt les offrant, en partie du moins, d'un violet plus ou moins intense, les deux cas pouvant se rencontrer sur un même individu.

Observ. — Les variations que l'on remarque dans la longueur de la décurrence des feuilles, méritent d'attirer l'attention, en ce sens qu'elles sont plus fréquentes dans cet hybride que dans tout autre. Les *Verb. thapsiforme* et *phlomoides* végétant souvent pêle-mêle avec le *V. floccosum* dans les localités où l'on rencontre le *V. nothum,* ne pourrait-on pas supposer que le *V. phlomoides*, par suite d'un croisement avec le *V. floccosum*, ne donnât aussi naissance à un hybride très-voisin du *V. nothum* et confondu avec lui jusqu'ici. Les produits du *V. phlomoides* seraient caractérisés par la brièveté de la décurrence, ceux du *V. thapsiforme* par l'exagération de ce caractère. Les hybrides différeraient ainsi entre eux de la même façon que les parents.

Mais j'ai hâte d'ajouter que tout ceci n'est qu'une hypothèse. Des observations bien suivies, faites dans des localités où les stations des *V. thapsiforme* et *phlomoides* sont distinctes, pourront résoudre la question.

Je ne reviendrai pas ici sur la cause possible de la coloration des poils du *V. nothum;* j'ai exprimé mon opinion à ce sujet (page 97). Nous retrouverons du reste cette curieuse particularité chez tous les hybrides qui descendent du *V. floccosum,* quel que soit leur autre ascendant. Ces mêmes hybrides offriront la même variabilité dans la coloration de leurs poils staminaux. On comprend dès lors pourquoi il ne m'a pas été possible de conserver comme hybride distinct le *V. mosellanum* Wirtg, qui réunit d'ailleurs si éminemment tous les caractères du *V. nothum.*

× V. Godronii. Boreau, Fl. du cent. (Ed. 3), II, p. 472 (V. thapso + floccosum). V. thapso-floccosum Gr. et God. Fl. de Fr. II, p. 559 (non Lec et Lamotte).

Tige de $0^{m},50$ à 1^{m}, anguleuse au sommet, simple ou rameuse, à rameaux grêles étalés, longuement dépassés par l'axe. Feuilles finement crénelées, les caulinaires inférieures oblongues, obtuses, atténuées en pétiole court; les caulinaires moyennes et supérieures, lancéolées, aigues, à décurrence étroitement cunéiforme plus ou moins prolongée sur le mérithale; les raméales ovales ou cordiformes acuminées, les bractéales très-petites ou nulles. Glomérules espacés sur la tige et sur les rameaux, mais souvent très-rapprochés quand la tige est simple. Fleurs fasciculées par 5-10. Pédicelles très-courts, les plus longs égalant à peine le calice. Calice petit (3 millimètres à peine) partagé jusqu'aux deux tiers en 5 lobes triangulaires obtus. Corolle petite (15 à 18 millimètres), ordinairement un peu concave. Filets staminaux, tous munis de poils blancs ou en partie violacés, les deux inférieurs seulement dans leur partie moyenne et d'un seul côté. Anthères des étamines inférieures peu obliques, souvent même l'une d'elles, à peu près transversale. Stigmate subcapité, arrondi au sommet, à peine plus long que large, la partie décurrente égalant environ la surface libre. Capsule avortée. Conf., pl. II, fig. 8, et pl. III, fig. 9.

Tomentum épais, blanchâtre, très-persistant.

Var : α. Concolor. — Poils des filets staminaux tous blancs.

Var : β. Discolor. — Poils des filets staminaux en partie d'un violet pâle, surtout sur les étamines inférieures.

Hab. les lieux secs au milieu des parents.

Var : α. — Indre-et-Loire, le Grand-Pressigny.

Var : β. — Maine-et-Loire, Neuville (herb. Boreau), Loir-et-Cher, Tour en Sologne, au Riou; Seur, à la Mothe.

Rapports et différences. — Le *V. Godroni* se distingue facilement à sa longue décurrence en aile étroite, à ses corolles concaves, à ses calices qui sont presque les plus petits du genre. Ces trois caractères le font assez facilement reconnaître de l'hybride suivant qui résulte du croisement des mêmes parents. Il est à remarquer que dans les individus à tige simple, les glomérules sont plus rapprochés et par conséquent l'épi plus dense. Chez les individus rameux, les glomérules sont très-espacés, même au sommet. Par son port général, cette plante rappelle assez bien un individu grêle du *V. thapsus*.

Observ. 1. — J'ai décrit la plante en partie sur le spécimen conservé dans l'herbier de M. Boreau, en y ajoutant, toutefois, quelques particularités observées sur d'autres individus, particularités qui ne m'ont pas paru constituer des différences spécifiques, telles que, l'absence de poils violacés sur les filets staminaux, la présence de longs rameaux sur la tige, etc.

Observ. 2. — Le *V. Godroni* doit-il être considéré comme la même plante que le *V. thapso floccosum*, Gren. et God.? M. Paris, Verb. fl. Chamb., p. 6, a déjà soulevé cette question, et l'a résolue dans un sens négatif, s'appuyant surtout sur ces mots de la phrase descriptive de M. Boreau : « poils blanchâtres, quelques-uns violacés. » Je ne saurais admettre l'opinion de M. Paris. La présence de poils violacés sur les filets staminaux d'un hybride issu du *V. floccosum*, n'implique nullement l'action d'un autre ascendant à poils violacés. C'est là un fait qui, pour moi, est tout à fait démontré. Nous l'avons vu se produire dans le *V. nothum ;* nous le constaterons de nouveau chez l'espèce suivante, et chez plusieurs autres encore. Les poils violacés étant ainsi mis en dehors de la question, je ne trouve aucune différence notable entre la plante de MM. Grenier et Godron et celle de M. Boreau ; mêmes petits calices, même corolle un peu concave, même inflorescence. Je sais que les auteurs de la Flore de France, attribuent à leur *V. thapso floccosum,* des feuilles brièvement décurrentes. Mais si l'on considère d'un côté le peu de fixité de ce caractère et de l'autre, que les auteurs cités n'ont vu qu'un seul spécimen de leur plante, on sera facilement convaincu du peu d'importance qu'il convient de lui attribuer.

On serait plus en droit de s'étonner de me voir assigner au *V. Godroni* des anthères inférieures obliques, quand M. Boreau lui-même les considère comme transversales. Mais j'ai pu me convaincre sur l'échantillon de son herbier, qu'elles offraient un léger degré d'obliquité, comme je l'avais déjà remarqué chez les spécimens trouvés dans Loir-et-Cher et dans Indre-et-Loire.

MM. Grenier et Godron, décrivent aussi les anthères inférieures de leur *V. thapso-floccosum* comme étant transversales, mais je ne doute pas qu'ils n'aient fait erreur à cet égard. Cette erreur m'étonne d'autant plus qu'ils ont eu à juger ce caractère sur un individu sec, et que l'obliquité de l'anthère est bien plus apparente dans cette condition, que sur le vif. Je dois toutefois faire remarquer, que dans l'hybride qui nous occupe, l'obliquité ne se manifeste parfois, d'une façon bien évidente, que sur l'une des étamines inférieures.

Observ. 3. — J'ai observé chez le *V. Godroni,* la présence simultanée, sur une même tige, de corolles à filets staminaux pourvus de poils tous blancs et de corolles, où ces mêmes poils étaient en partie, d'un violet pâle.

× V. Lamottei Franchet (floccosum + thapsus) ; V. thapso-floccosum, Lec et Lamotte, Cat. pl. cent., p. 282 ; Boreau, Fl. du cent. (Ed. 3). II, p. 472. V. floccoso-thapsiforme, Gr. et God., Fl. de Fr. II, p. 560. (An Wirtgen loc. cit.?)

Tige de 1 à 2 mètres, arrondie à la base, anguleuse

au sommet, très-rameuse, à rameaux dépassant ordinairement l'axe. Feuilles crénelées, les caulinaires inférieures obovales, atténuées en pétiole court ou nul, les moyennes et les supérieures ovales lancéolées semi-décurrentes, à décurrence large, les raméales ovales ou cordiformes longuement apiculées, les bractéales linéaires ou lancéolées plus courtes que les glomérules. Glomérules très-espacés sur la tige et sur les rameaux, composés de 6 à 15 fleurs, à pédicelles inégaux, les plus longs égalant à peine le calice après l'anthèse. Calice médiocre (5 à 7 millimètres) partagé jusqu'aux deux tiers en cinq sépales lancéolés subaigus. Corolle petite (15 à 20 millimètres), plane. Les cinq filets staminaux sont pourvus de poils, les deux inférieurs moins abondamment, mais presque jusque sous le connectif. Anthères des étamines inférieures insérées obliquement sur le filet. Stigmate subcapité, la portion décurrente égalant environ la portion libre. Les capsules ne se développent point. — Conf. Pl. III, fig. 10.

Tomentum épais, blanc jaunâtre, un peu floconneux.

Var : α. Concolor. — Poils des filets staminaux tous blancs.

Var : β. Discolor. — Poils des filets staminaux en partie violacés.

Hab. les lieux secs, au milieu des parents. — La variété α. — Loir-et-Cher. Cheverny ! — Yonne. Arcy-sur-Cure ! — Dordogne. Tayac ! — La variété β. — Loir-et-Cher, à Cheverny.

Rapports et différences. — Cet hybride ressemble beaucoup au précédent ; j'ai même hésité à l'en séparer. Toutefois, son mode de ramification est différent et ressemble tout à fait à celui du *V. floccosum*. La décurrence est plus large et s'arrête brusquement. Les calices m'ont paru constamment plus grands. Les corolles sont tout à fait planes, le tomentum est plus floconneux. En résumé, je ne puis différencier cet hybride que par un ensemble de végétation qui le rapproche davantage du *V. floccosum*. Il est le frère du *V. Godroni,* mais les parents ont peut-être changé de rôle.

Variations. — Les variations se manifestent particulièrement sur la coloration des poils des filets staminaux, comme nous l'avons déjà vu dans les deux hybrides précédents ; sur la décurrence des feuilles, très-courte ou se prolongeant jusqu'à la moitié du mérithale.

Observ. — Tous les auteurs dont je cite les synonymes, ont attribué au *V. Lamottei,* des anthères inférieures transversales, tandis qu'elles sont en réalité, obliques. MM. Grenier et Godron lui donnent un stigmate en tête, ce qui est exact, mais en même temps ils croient devoir changer l'un de ses ascendants, et substituer le *V. thapsiforme* au *V. thapsus*. Cette substitution est tout à fait en opposition avec le caractère qu'ils assignent au stigmate ; le *Verb. thapsiforme* et le *V. floccosum*, l'ayant l'un et l'autre [1] lancéolé, bien qu'à un degré différent, ne pouvaient, ce me semble, produire un hybride à stigmate capité.

Je ne connais pas la description originale du *V. floccoso-thapsiforme* Wirtg. ; mais je vois dans Reichenbach, Flora germ., vol. xx, page 20, cette plante rapportée en variété *α* au *V. mosellanum*, lequel serait caractérisé d'après le même auteur, par son style lancéolé rhomboïdal et par ses anthères antérieures décurrentes « stylo rhombeo lanceolato, antheris anticis decurrentibus. » En admettant que M. Reichenbach ait bien apprécié l'hy-

[1] Je sais que la plupart des floristes accordent au *V. floccosum* un stigmate capité. Mais c'est une erreur que je relèverai en décrivant cette espèce.

bride en question, MM. Grenier et Godron auraient rapporté à tort le synonyme de M. Wirtgen à la plante de MM. Lecoq et Lamotte.

Hybrides résultant du croisement du V. NIGRUM, avec une espèce de la section THAPSUS.

— Anthères des étamines inférieures insérées obliquement, feuilles plus ou moins décurrentes.

× V. COLLINUM Schrader mon. gen., Verb. I, p. 35. Pl. V, fig. 1. (Thapsus + nigrum). Boreau, Fl. du cent. (Ed. 3.) II. 472; V. thapso-nigrum, Schied. d. plant. hybrid., p. 32; Koch Synops. (Ed. 3.) II, p. 445; Gren. et God., Fl. de Fr. II, p. 555.

Tige atteignant un mètre, anguleuse supérieurement, simple ou rameuse, à rameaux dressés. Feuilles crénelées dentées, les caulinaires inférieures lancéolées, obtuses, assez longuement pétiolées, peu atténuées à la base, les moyennes et les supérieures lancéolées aigues, plus ou moins décurrentes en une aile étroite, les raméales souvent acuminées, sessiles ou brièvement décurrentes, les bractéales linéaires, toujours plus courtes que les glomérules. Glomérules assez espacés, surtout inférieurement, composés de 4 à 6 fleurs à pédicelles inégaux, les plus longs égalant le calice. Calices petits (3 à 5 millimètres), partagés jusqu'aux 3/4 en 5 sépales étroits lancéolés aigus. Corolle médiocre (20 millimètres environ) plane. Tous les filets staminaux pourvus de poils, les deux inférieurs seulement dans leur partie moyenne; poils des filets tous violets ou mélangés de quelques poils blancs. Anthères des étamines inférieures un peu obliques sur leurs filets. Stigmate capité arrondi, aussi large que haut. Capsules petites, ovales oblongues, obtuses (d'après Schrader); elles sont avortées dans mes échantillons.

Tomentum d'un vert jaunâtre, persistant, parfois assez épais, blanchâtre à la face inférieure des feuilles.

Hab. Au milieu des parents : Côte d'Or. Papeterie de Marmagne ! près Montbard. — Corrèze : Brives (de Rochebrune).

Rapports et différences. — Cet hybride n'a de rapports, dans le centre de la France [1], qu'avec les deux suivants. La forme de son stigmate le fera toujours aisément distinguer du *V. adulterinum*. La brièveté des feuilles bractéales, toujours plus courtes que les glomérules, l'absence de dilatation à la base des pétioles, le séparent suffisamment, à mon avis, de l'hybride suivant, bien qu'issus tous deux des mêmes parents.

Variations. — Les variations atteignent surtout la décurrence, courte ou longue, mais dans les deux cas, étroitement cunéiforme, les ramifications de la tige qui parfois sont comme paniculées, la coloration des poils des filets staminaux tous violets dans le spécimen de la Côte d'Or, et mélangés de poils blancs dans celui de la Corrèze.

Observ. — Schrader décrit et figure fort bien cette espèce, moins le mode d'insertion des anthères inférieures qu'il apprécie mal, en le déclarant transversal. Tous les floristes que j'ai pu consulter ont suivi cet errement.

L'origine hybride du *V. collinum* est tellement évidente, que presque tous les botanistes l'ont considéré

[1] Dans les localités où se rencontre le *V. Chaixii*, on voit se produire des hybrides très-ressemblants à ceux qui sont issus du *V. nigrum*. Mais dans notre région, il ne saurait exister aucune confusion à cet égard. Conf. Paris, *Verbascum* de la *Flore de Chambéry*, p. 13 et suiv.

comme issu des *V. thapsus* et *nigrum,* sans en excepter M. Fries. Aussi, M. Reichenbach, en donnant comme synonyme à cet hybride le *V. seminigrum,* Fries, *nov.*, p. 69 et *summa*, p. 192, ajoute : « Locus maxime memorabilis. Ibi enim inclytus Fries, hostis energicus « hybridomaniæ, pro hoc genere hybridas proles ipse « affert. » Flor. germ., t. XX. 20.

× V. AURITUM Franchet. (nigrum + thapsus).

Tige de 0m,60 à 1 mètre, arrondie inférieurement, anguleuse dans sa portion supérieure, simple ou à rameaux courts. Feuilles fortement crénelées dentées surtout à la base, les caulinaires inférieures ovales, brièvement atténuées en long pétiole étroit, celles qui les suivent immédiatement sont de même forme, mais leur pétiole est ailé, largement dilaté à la base en deux oreillettes amplexicaules et décurrentes, les moyennes, les supérieures et les raméales oblongues apiculées, plus ou moins, mais ordinairement brièvement décurrentes, les bractéales lancéolées linéaires, dépassant les glomérules, ce qui rend l'épi chevelu au sommet. Glomérules rapprochés, excepté les inférieurs souvent réduits à une seule fleur et très-écartés; fleurs fasciculées par 3-6, à pédicelles très-inégaux, les plus longs égalant le calice. Calice assez grand, partagé jusqu'aux deux tiers en 5 sépales lancéolés aigus. Corolle assez grande (25 à 30 millimètres), plane. Tous les filets staminaux pourvus de poils violacés ou en partie blancs, les deux inférieurs seulement dans leur portion moyenne. Anthères des deux étamines inférieures insérées un peu obliquement, au moins l'une d'elles. Stigmate capité, arrondi au sommet, au moins aussi large que haut. Les capsules sont avortées. — Conf. Pl. V. fig. 19.

Tomentum d'un vert jaunâtre, comme laineux, allongé sur les pédicelles et les calices, persistant.

Hab. Avec les parents. — Côte-d'Or. Papeterie de Marmagne, près de Montbard ! — Dordogne. Les Eyzies ! — Vosges. Cimetière de Luxeuil (Humnicki).

Rapports et différences. — Le *V. auritum* ressemble beaucoup au *V. adulterinum* et ne s'en distingue bien sûrement que par la forme de son stigmate qui est tout à fait différente. Ses rapports avec le *V. collinum*, bien qu'au premier aspect moins évidents, sont beaucoup plus intimes ; ce qui s'explique du reste par la communauté d'origine. Ainsi les stigmates et les anthères sont identiques dans les deux hybrides ; mais le feuillage est très-différent, aussi bien que l'inflorescence. Le *V. collinum* dans sa portion inférieure, rappelle assez bien le *V. thapsus,* tandis que par sa portion supérieure il se rapproche beaucoup du *V. nigrum.* Le contraire a lieu chez le *V. auritum*, dont les grands calices, les glomérules serrés lui sont communs avec le *V. thapsus.* Nous avons donc ici un exemple frappant de la prédominance de l'un des ascendants sur une portion déterminée de l'hybride, sans que pour cela nous soyons autorisés à assigner aux parents leur rôle respectif. Du reste une prédominance aussi accentuée est rare chez les hybrides spontanés, et ne s'observe guère que dans les croisements du *V. nigrum.* La cause n'en serait-elle point dans la grande dissemblance de cette espèce avec ses congénères, dissemblance qui permet de mieux apprécier encore le mélange ou la séparation des deux formes sur l'individu hybride ?

Variations. — Les feuilles caulinaires inférieures sont plus ou moins longuement pétiolées (mais toujours auriculées) ; les poils des filets staminaux sont tous violets dans le spécimen que j'ai recueilli dans la Côte-d'Or. Mais dans celui que j'ai récolté aux Eyzies (Dordogne), les poils des trois étamines supérieures, sont blancs sur le côté externe du filet, violacés sur le côté interne; ceux des deux étamines inférieures sont blancs sur la partie inférieure du filet, violacés sur la partie supérieure.

Observ. — J'ai communiqué en 1861, mon *V. auritum* à M. Grenier, qui voulut bien me donner la note suivante à son sujet : « Votre *V. auritum* est identique « à la plante qui figure dans l'herbier normal de Fries, « sous le nom de *V. seminigrum;* et de plus il se rap« porte à la troisième forme hybride indiquée par lui « sous le nom de *V. nigro-thapsiforme.* Fries sum. veg. « scand., p. 192. » Il semblerait donc que j'eusse dû rejeter la domination *auritum* et adopter celle de Fries. Mais en consultant le *Summa,* il ne me fut pas difficile de voir que le *V. seminigrum* Fries, n'était qu'un nom collectif, réunissant plusieurs hybrides issus de parents différents. Ainsi M. Fries appelle *seminigrum,* le résultat du croisement du *V. nigrum* avec le *V. thapsus,* aussi bien que l'hybride naissant du *V. nigrum* et du *V. thapsiforme.* Mon *V. auritum* résulterait même de ce dernier croisement, ce qui est positivement contraire aux conditions dans lesquelles on le rencontre.

Je ne saurais admettre le système de M. Fries qui me paraît irrationnel, et dès lors je ne puis que rejeter la dénomination *seminigrum.*

On pourrait peut-être rapporter en synonyme, au *V. auritum,* la variété β *platyphyllum* du *V. collinum,* ainsi caractérisée : « Foliis latis, breviter et latissime auriculato decurrentibus. » Reichenb., Flora germ., t. XX, p. 20.

× V. ADULTERINUM Koch suppl. z. Deutsch. Flor. inedit.; Boreau, Fl. du cent. (Ed. 3.) II, p.473; V. thapsiformi-nigrum Shiede de pl. hyb., p. 36; Koch, synopsis (Ed. 3.) II, p. 445; Gren. et God., Fl. de Fr. II, p. 555 (thapsiforme + nigrum).

Tige de 0^m,60 à 2 mètres, obtusement anguleuse au sommet, à rameaux courts ou formant une grande panicule, plus rarement simple. Feuilles assez minces, plus ou moins profondément crénelées dentées, les caulinaires inférieures obovales, atténuées à la base en un pétiole allongé, les moyennes et les supérieures brièvement décurrentes en une aile arrondie, ovales acuminées, les raméales sessiles, cordiformes ou plus rarement lancéolées, souvent brusquement acuminées en un long mucron, bractées linéaires. Glomérules très-écartés inférieurement, composés de quatre à dix fleurs à pédicelles inégaux, les plus longs égalant à peine le calice. Calice médiocre (4 à 8 millimètres), partagé jusqu'aux 3/4 en cinq sépales étroitement lancéolés aigus. Corolles très-grandes (20 à 40 millimètres), planes, offrant parfois des stries violacées à la gorge. Tous les filets staminaux pourvus de poils violacés, mélangés de poils blancs ou jaunâtres (parfois le poil est blanc en bas, violet en haut); les deux inférieurs nus à la base et au sommet. Anthères des deux étamines inférieures insérées obliquement, deux fois et demie ou trois fois plus courtes que les filets. Stigmate ovoïde, à décurrence égalant environ deux fois la partie libre. Les capsules sont avortées. — Conf. Pl. V, fig. 20.

Plante couverte d'un tomentum vert jaunâtre, fin, souvent peu abondant.

Hab. Au milieu des parents. — Vosges. Cimetière de Luxeuil (Humnicki).

Rapports et différences. — Le *V. adulterinum* ne saurait être confondu qu'avec les deux hybrides précédents, surtout avec le *V. auritum* dont il a tout à fait le port. Mais la forme de son stigmate, dérivant de celle du stigmate du *V. thapsiforme*, l'en sépare nettement. Je dois toutefois faire remarquer que cet organe doit être étudié sur le vif pour se voir bien apprécié. M. Humnicki a parfaitement rendu sa forme. Mais on comprend que d'une part cette forme étant peu allongée et d'autre part la décurrence sur les côtés du style très-étroite, ces deux caractères sont rendus méconnaissables par la dessication.

Variations. — La tige est généralement décrite comme très-rameuse paniculée, mais elle peut être tout à fait simple ou à rameaux courts ; je possède des spécimens de ces trois états. Les feuilles supérieures et raméales, sont souvent cordiformes, très-longuement mucronées ; mais l'individu de Luxeuil les a lancéolées ovales acuminées. Quant aux crénelures des feuilles inférieures, elles offrent tantôt plus d'analogie avec celles du *V. nigrum*, tantôt avec celles du *V. thapsiforme*. Koch dit la corolle égale à celle du *V. thapsiforme;* mais M. Humnicki a remarqué que la dimension des fleurs variait beaucoup sur un même individu.

Observ. — Le *V. adulterinum* nous offre un exemple frappant du peu d'importance qu'il faut accorder en général à la disposition des poils blancs et violacés sur un même filet staminal. Trois corolles prises sur un même individu, à Luxeuil, m'ont présenté les variations suivantes :

N° 1. Poils blancs disséminés sur toute la longueur de tous les filets staminaux, mais un peu plus abondants sur un des côtés, en haut et en bas où de plus ils ont une légère teinte jaunâtre.

N° 2. Poils blancs jaunâtres, nuls à la base de l'étamine impaire (supérieure), rares à la base de la paire moyenne, plus abondants au sommet, sous le connectif ; dans la portion intermédiaire des trois filets staminaux supérieurs, les poils sont exclusivement violacés, bien que chacun d'eux soit blanchâtre en bas. Sur les deux filets staminaux inférieurs au contraire, les poils blancs-jaunâtres existent à la base et latéralement, et font complétement défaut dans la portion supérieure.

N° 3. Les poils blancs-jaunâtres n'existent pas dans la portion moyenne, mais se montrent régulièrement au sommet et à la base des cinq filets staminaux.

Hybrides résultant du croisement du V. LYCHNITIS avec une espèce de la section THAPSUS.

Anthères inférieures obliques, feuilles brièvement décurrentes ou sessiles.

× V. RAMIGERUM Link in Schrad. Mon. Gen. Verb. 1. 37. Pl. IV, fig. 1. (Lychnitis + thapsiforme) V. thapsiformi-lychnitis Schiede de plant. hybr., p. 38; Koch. synops. (Ed. 3.) II, p. 444 ; Gren. et God. Fl. de Fr. II, p. 560.

Tige de 1 à 2 mètres, simple ou rameuse, à rameaux courts, dressés, étalés. Feuilles doublement crénelées, décroissant très-brusquement de grandeur à partir des feuilles caulinaires inférieures qui sont très-amples, atteignant parfois $0^m,50$, obovales obtuses, atténuées en pétiole court ou nul, les moyennes sessiles oblongues, les supérieures et les raméales étroitement lancéolées, acuminées, les bractéales linéaires. Glomérules très-écartés inférieurement, composés de trois à neuf fleurs, à pédicelles inégaux, souvent plus longs que le calice. Calice médiocre (5 à 7 millimètres), partagé jusqu'aux 2/3 en cinq sépales triangulaires aigus. Corolle assez grande (30 millimètres environ), plane. Les cinq filets staminaux sont munis de poils blancs, les deux inférieurs seulement d'un côté et dans leur portion moyenne. Anthères des étamines inférieures insérées obliquement. Stigmate lancéolé ou triangulaire dans son pourtour. Les capsules ne se développent pas. — Conf. Pl. V, fig. 17.

Tomentum assez fin, rappelant beaucoup celui du *V. lychnitis*, même sur les feuilles caulinaires inférieures.

Hab. Au milieu des parents. — Loir-et-Cher. Pruniers (Em. Martin) Loiret. Env. d'Orléans (Humnicki). Cet hybride paraît plus répandu dans l'Est de la France, la Lorraine, l'Alsace, que dans le centre.

Rapports et différences. — Le *V. ramigerum* n'est pas sans analogie avec le *V. nothum* β. concolor. La forme du stigmate est à peu près la même dans les deux hybrides; mais le premier se distinguera toujours du second par ses feuilles supérieures étroites, caractère emprunté au *V. lychnitis;* le *V. nothum* les ayant toujours cordiformes ou ovales, comme on les voit dans le *V. floccosum*. Le tomentum est aussi très-différent dans les deux plantes. Le *V. ramigerum* a beaucoup plus de rapports avec les hybrides suivants, et surtout avec le *V. heterophlomos*, ce qui s'explique facilement par leur communauté d'origine. Toutefois je ne connais pas d'exemple d'un *V. ramigerum* ayant les feuilles caulinaires inférieures aussi rugueuses et aussi longuement tomenteuses que le *V. heterophlomos*. L'inflorescence de ce dernier, m'a aussi paru différente.

Variations. — J'ai été à même de constater quelques variations dans les dimensions du calice et de la corolle, dans la longueur de la décurrence, qui dans aucun cas, du reste, ne m'a semblé atteindre la moitié du mérithale. Le stigmate de tous les spécimens que j'ai vus, était lancéolé, atténué aux deux extrémités. C'est aussi ce que je puis inférer des descriptions de Schrader, de Koch et MM. Grenier et Godron. L'échantillon de Loir-et-Cher offre la même forme de stigmate. Mais il n'en est pas de même dans celui du Loiret, recueilli et figuré par M. Humnicki. Il est triangulaire. Je n'ai pas cru cependant devoir séparer cet hybride du *V. ramigerum* sur la seule considération d'une aussi mince différence.

Observ. — Schrader décrit et figure très-bien cet hybride. M. Wirtgen l'a publié sous le nº 11 de ses exsiccata des *verbascum* des bords du Rhin, ou du moins l'échantillon que j'ai reçu sous ce numéro représente-t-il exactement la plante de Schrader. Je crains qu'il n'ait été confondu par plusieurs floristes avec le *V. nothum* α discolor. (*V. mosellanum* Wirtg.)

× V. Heterophlomos Franchet. (Lychnitis + thapsiforme).

Tige de 1 mètre, anguleuse au sommet, rameuse, à rameaux dressés nombreux, longuement dépassés par l'axe. Feuilles radicales régulièrement crénelées dentées, oblongues aiguës, atténuées à la base, très-épaisses (comme celles du *V. thapsiforme*), les caulinaires inférieures obovales atténuées en pétiole très-court, les moyennes, les supérieures et les raméales lancéolées, étroites, acuminées, semidécurrentes, les bractéales très-étroites. A partir des feuilles caulinaires inférieures, les suivantes décroissent subitement. Glomérules un peu écartés, composés de quatre à neuf fleurs, à pédicelles inégaux, les plus longs égalant le calice. Calice médiocre, partagé jusqu'aux 2/3 en cinq lobes triangulaires aigus. Corolle jaune avec cinq veines purpurines à la gorge, assez petite (15 à 20 millimètres), un peu concave. Tous les filets staminaux sont pourvus de poils blancs, les deux inférieurs seulement dans leur portion moyenne et sur une de leurs faces. Anthères des deux étamines inférieures insérées obliquement. Stigmate ovoïde, très-arrondi au sommet, la portion décurrente sur le style, égalant deux fois la portion libre. Les capsules sont avortées. — Conf. Pl. IV, fig. 16.

Tomentum très-épais, allongé, vert jaunâtre sur les feuilles radicales, grisâtre, fin et serré sur le reste de la tige.

Hab. Avec les parents. — Loir-et-Cher. Champs de Trécy, bordant la route de Romorantin à Salbris, commune de Villeherviers (Œm. Martin). Loiret, environs d'Olivet (Humnicki).

Rapports et différences. — Le *V. heterophlomos* ressemble beaucoup à l'espèce précédente et à la suivante. Les feuilles radicales suffiraient à elles seules pour le séparer de l'une et de l'autre. Mais de plus, il s'éloigne du *V. ramigerum* par son mode de ramification qui rappelle tout à fait celui du *V. lychnitis*, c'est-à-dire que ses rameaux sont dressés, très-nombreux et non pas étalés, espacés comme je les ai toujours observés chez le *V. ramigerum*. En outre ils sont parfois tournés d'un seul côté, cas fréquent dans le *V. lychnitis*. La forme ovoïde du stigmate l'éloigne tout à fait du *V. spurium*.

Observ. — Cet hybride m'a été envoyé vivant, en août 1866, par mon excellent ami, M. Em. Martin, qui m'écrivit en même temps à son sujet : « Le champ où « je recueillis cette plante, contenait en grande quan- « tité et en magnifiques échantillons les *V. lychnitis* et « *thapsiforme*. En le fouillant partout, j'ai découvert « en outre, mais à distance, un ou deux pieds de « *V. thapsus* et autant de *floccosum*. La conclusion est « que nos exemplaires proviennent du *thapsiforme* et du « *lychnitis*. »

J'admets tout à fait la parenté assignée par M. Em. Martin. Le rôle du *V. lychnitis* se manifeste clairement dans la nature du tomentum de la plante (à l'exception de celui des feuilles radicales.) L'action du *V. thapsiforme* me paraît démontrée par la forme ovoïde du stigmate. Le *V. lychnitis* et le *V. thapsus,* ayant cet organe éminemment capité, ne sauraient en effet donner naissance à un stigmate d'une autre forme.

Je ne quitterai pas cet hybride sans rappeler encore une fois le singulier caractère des feuilles radicales. Isolées, elles ne diffèrent en rien de celles du *V. thapsiforme* et forment un bizarre contraste avec le tomentum ras et grisâtre qui recouvre le reste de la plante.

× V. SPURIUM Koch, syn. Ed. 1, p. 511. (Thapsus + lychnitis). Boreau, Fl. du cent. (Ed. 3.) II, p. 472; V. thapso-lychnitis M. et K. D. fl. 2., p. 212; Gren. et God., Fl. de Fr. II. 559.

Tige de 1 à 2 mètres, anguleuse au sommet, simple ou rameuse à rameaux dressés. Feuilles irrégulièrement crenelées, les caulinaires inférieures obovales atténuées en un pétiole souvent assez long, les caulinaires moyennes lancéolées sessiles, les supérieures et les raméales lancéolées, étroites, acuminées, brièvement ou semi-décurrentes, les bractéales plus courtes que les glomérules. Glomérules écartés de 6 à 10 fleurs à pédicelles inégaux, les plus longs égalant à peine le calice. Calice médiocre (4 à 6 mill.) divisé jusqu'aux deux tiers en 5 sépales lancéolés. Corolle médiocre (15 à 25 mill.) plane ou un peu concave, d'un jaune pâle. Tous les filets staminaux munis de poils blancs, les deux inférieurs seulement d'un côté et dans leur portion moyenne. Anthères des étamines inférieures insérées un peu obliquement, au moins l'une d'elles. Stigmate capité, à peine décurrent sur les côtés du style, parfois plus large que haut. La capsule avorte presque constamment. M. Humnicki a pu cependant en observer quelques-unes mais toujours plus ou moins déformées. — Conf. planche IV, figure 14.

Tomentum d'un vert grisâtre, moins allongé que celui du *V. thapsus*, mais plus abondant et plus feutré que celui du *Verb. lychnitis.*

Hab. avec les parents. — Loir-et-Cher, Lunay, carrières du Breuil! — Indre et Loire, Paulmy! — Loiret, environs d'Orléans (Humnicki).—Dordogne, Les Eyzies, à Fontgomme! et à Beissac!

Rapports et différences.—Le *V. spurium* se distingue aisément des deux hybrides précédents par la forme de son stigmate tout à fait capité et non ovoïde ou lancéolé. Ses feuilles décurrentes ne permettent pas de le confondre avec les deux suivants.

Mais il est moins facile de le séparer des hybrides à stigmate subcapité résultant du croisement de *V. thapsus* et *floccosum*, tels que les *V. Godroni et Lamottei* (var. *Concolor*). J'avoue même que sur le sec leur distinction peut laisser des doutes. Le *tomentum* est ici d'un grand secours. Blanchâtre et floconneux, au moins dans le voisinage des glomérules, chez les hybrides issus du *V. floccosum*, il est grisâtre et comme pulvérulent dans la même portion de la tige, chez le *V. spurium*. Les feuilles supérieures de ce dernier sont aussi constamment plus étroites, lancéolées, et jamais ovales, ni cordiformes. Enfin, comme dernier moyen de distinction, j'ajouterai que les hybrides issus du *V. lychnitis* sont presque toujours assez reconnaissables à la brusque décroissance de leurs feuilles caulinaires. Fort amples tout à fait inférieurement, celles qui suivent se montrent subitement médiocres et même petites. M. Paris, dans le mémoire cité, me semble avoir le premier, et avec beaucoup de raison, insisté sur ce point en ce qui concerne le *V. lychnitis* et quelques-uns de ses hybrides des environs de Chambéry. Cette remarque s'applique également aux deux hybrides précédents et aux deux qui suivent.

Observ. — Tous les floristes dont j'ai pu consulter les travaux, attribuent au *V. spurium* des anthères inférieures transversales. Je dois excepter M. Reichenbach, qui décrit la plante comme offrant des anthères tantôt transversales, tantôt obliques : « *Antheris anticis non decurrentibus, seu brevissime decurrentibus.* » *Flora germanica,* t. XX, p. 19. La vérité est qu'elles sont toujours un peu obliques ou tout au moins l'une d'elles. Mais cette obliquité est si peu accusée dans certains cas qu'il n'est vraiment pas étonnant qu'elle ait passé presqu'inaperçue jusqu'ici.

× V. DIMORPHUM Franchet. (Lychnitis + thapsiforme ?) — Tige de 1 mètre, peu anguleuse au sommet, simple ou paniculée à rameaux dressés. Feuilles radicales grandes, obovales, atténuées en court pétiole, inégalement crenelées ; les caulinaires inférieures, oblongues atténuées en pétiole, les moyennes, les supérieures et les raméales, lancéolées acuminées, toutes sessiles non décurrentes, à base arrondie, les bractéales très-petites. Glomérules assez écartés, surtout inférieurement composés de 4 à 6 fleurs à pédicelles inégaux, les plus longs égalant environ le calice. Calice assez grand (6 à 8 mill.) partagé jusqu'aux 3/4 en 5 sépales lancéolés aigus. Corolle médiocre (20 à 25 mill.) un peu concave d'un jaune pâle. Tous les filets staminaux pourvus de poils blancs jaunâtres, les deux inférieurs moins abondamment. Anthères des deux étamines inférieures insérées obliquement, stigmate capité arrondi. Les capsules sont avortées. — Conf. pl. IV, fig. 15.

Tomentum grisâtre, persistant, peu abondant, offrant beaucoup d'analogie avec celui du *Verb. lychnitis*, mais plus gros et moins serré.

Hab. — Mélangé avec les *V. lychnitis* et *thapsiforme*. — Loir-et-Cher, Cheverny, sablière de Villavrain! champs incultes de la Brossure! — Loiret, chemin d'Olivet à Mézières (Humnicki).

Rapport et différences. — L'absence de décurrence ne permet pas de confondre le *V. dimorphum* avec aucune des trois espèces précédentes. Mais ses rapports sont plus intimes avec le *V. foliosum*. Toutefois il s'en distingue assez facilement par ses anthères insérées très-obliquement, ses calices moitié plus petits, ses glomérules moins serrés, ses bractées plus courtes, ses feuilles qui rappellent celles du *V. lychnitis*, enfin par son port tout différent.

Observ. — Je ne suis pas tout à fait certain de la parenté de cet hybride, du moins en ce qui concerne le *V. thapsiforme*. J'ai bien trouvé le *V. dimorphum* dans le voisinage immédiat de cette espèce. Mais je dois dire que le *V. thapsus* croissait aussi dans les environs. Ce qui me paraît surtout de nature à faire élever des doutes sur le rôle de *V. thapsiforme*, c'est la forme du stigmate exactement arrondi. On a pu voir en effet dans tous les hybrides décrits jusqu'ici que son action se manifestait principalement sur cet organe et que tous ses produits offraient un stigmate ovoïde ou lancéolé, c'est-à-dire dérivant plus ou moins de la forme allongée, si caractéristique chez le *V. thapsiforme*. Je ne crois pas toutefois, que ce mode d'action soit absolu et doive nécessairement se rencontrer dans tous ses croisements.

J'ai attribué au *V. dimorphum* des feuilles non décurrentes, ce qui est exact, mais je dois ajouter qu'on observe chez quelques individus une ligne étroite naissant du point d'insertion de la marge du limbe sur la tige, et se prolongeant plus ou moins. Cette ligne pourrait faire croire à une véritable décurrence chez cet hybride. Mais on doit réserver ce caractère aux feuilles dont le limbe se prolonge en une véritable expansion foliacée. L'existence de cette ligne plus apparente chez le *V. dimorphum* que chez aucun autre à feuilles dites sessiles, démontre une fois de plus la tendance à la décurrence dans les espèces du genre *Verbascum*.

× *V.* FOLIOSUM, Franchet. (Thapsus + Lychnitis.)— Tige de 1 mètre, anguleuse au sommet, simple ou à rameaux courts, dressés. Feuilles radicales très-grandes, à dents profondes et inégales, obovales, obtuses ; les caulinaires inférieures crenelées, lancéolées oblongues, atténuées en pétiole court, les moyennes, les supérieures et les raméales sessiles, arrondies à la base, plus ou moins lancéolées, acuminées ; bractées lancéolées, mucronées plus longues que les glomérules. Glomérules espacés à la base des rameaux, très-rapprochés au sommet, composés de 4 à 7 fleurs à pédicelles inégaux, les plus longs égalant au moins le calice. Calices très-inégaux dans un même glomérule, les plus grands atteignant 1 centimètre, les plus petits moitié moindres, partagés jusqu'aux 3/4 en 5 sépales lancéolés aigüs. Corolle assez grande (30 mill.), d'un jaune pâle, à peu près plane. Tous les filets munis de poils blancs, les 2 inférieurs moins abondamment. Anthères très-inégales entre elles, celles des deux étamines inférieures du double plus grandes insérées presque transversalement sur le filet (l'obliquité n'étant bien apparente que par la dessication), stigmate capité, très-arrondi supérieurement. Les capsules ne se développent pas. — Conf. pl. IV, fig. 13.

Tomentum grisâtre, peu abondant à la face supérieure des feuilles, rappelant beaucoup celui du *V. thapsus*.

Hab. avec les parents. — Dordogne, sur la route des

Eyzies à Sarlat, avant d'arriver à Beissac! J'en ai observé 8 individus, en 1866.

Rapports et différences. — Vu à distance le *V. foliosum* a tout à fait l'aspect du *V. thapsus.* Aussi son port le fera-t-il facilement distinguer du *V. dimorphum* dont il réunit presque tous les caractères, mais avec lequel on ne saurait le confondre après examen des calices et des anthères inférieures, et aussi des longues feuilles bractéales qui dépassent les glomérules.

Observ. — Cet hybride offre un singulier mélange de formes empruntées aux *V. thapsus* et *lychnitis.* Il y a pour ainsi dire en lui, fusion des caractères de ses ascendants. Son feuillage est ample, ses calices très-développés, son épi dense épais, sa corolle assez grande, ses anthères très-inégales, comme nous l'observons chez le *V. thapsus ;* mais en même temps, les feuilles sont sessiles, les pédicelles allongés, le *tomentum* court, un peu pulvérulent, les anthères inférieures presque transversales, notes empruntées au *V. lychnitis.*

Remarques générales sur tous les hybrides précédemment décrits.

1° Tous les hybrides issus d'une espèce appartenant à la section *Thapsus*, quel que soit d'ailleurs leur autre ascendant et le rôle des parents, sont caractérisés par l'obliquité, à un degré quelconque, des anthères des deux étamines inférieures, ou au moins de l'une d'elles. Des observations ultérieures apprendront si cette règle est absolue.

2° L'action du *V. thapsiforme* semble se manifester d'une façon particulière sur la forme du stigmate, sauf dans un seul hybride (*V. dimorphum*), et encore n'est-il pas démontré que l'espèce en question soit réellement l'un de ses ascendants.

3° La décurrence des feuilles est le résultat le plus

ordinaire, mais non pas nécessaire des croisements dans lesquels les espèces de la section *Thapsus* ont joué un rôle.

4° Le rôle de ces mêmes espèces se manifeste toujours dans la nature et le *facies* du *tomentum* chez les produits hybrides ; toutefois ces mêmes produits conservent en même temps dans leur indument un mélange de caractères empruntés à celui de leur autre ascendant quel qu'il soit. Aussi, le botaniste exercé distinguera-t-il souvent à la seule inspection du *tomentum* les hybrides du *V. floccosum* de ceux du *V. lychnitis*.

Section II. Lychnitis. — Anthères insérées transversalement, même celles des deux filets staminaux inférieurs ; tous les filets staminaux pourvus de poils ; feuilles jamais décurrentes ; *tomentum* exclusivement composé de poils rameux [1].

5. V. floccosum. Waldst. et Kit. pl. rar. Hung. 1, p. 81, tab. 79; Schrader, Monog. II, p. 16 ; Koch Synops (ed. 3) II, p. 443 ; Boreau Fl. du cent. (éd. 2) II, p, 473 *V.* pulverulentum; Gren. et God. Fl. de Fr. II, p. 551.

Tige de 1 m, à 1m,50 fortement striée peu anguleuse, rarement simple, souvent paniculée, à rameaux étalés, flexueux. Feuilles radicales obovales ou étroitement oblongues à crénelures fines peu ou point apparentes, les caulinaires inférieures oblongues, atténuées en pétiole court ou nul, superficiellement et régulièrement crénelées, les moyennes et les supérieures sessiles, ovales acuminées, décroissant régulièrement ; les raméales cordiformes brusquement et souvent très-longuement mucronées, les bractéales de même forme. Glomérules écartés, composés de 5 à 10 fleurs plongées avant l'anthèse dans un tomentum blanc, cotonneux caduc ; pédicelles une fois ou une fois et demie plus longs que le

[1] Chez les espèces croissant en France.

calice. Calice petit (2 à 3 mill.), partagé presque jusqu'à la base en 5 sépales linéaires aigus. Corolle médiocre (20 à 25 mill.), plane d'un beau jaune avec des stries violacées à la gorge. Tous les filets staminaux pourvus de poils blancs jaunâtres, les deux inférieurs moins abondamment. Les 5 anthères sont insérées transversalement, mais celles des deux étamines inférieures sont un peu plus grandes que les 3 autres. Stigmate ovale un peu atténué au sommet, à portion décurrente égale à la surface libre. Capsule subglobuleuse, un peu allongée, comprimée latéralement. — Conf. Pl. II, fig. 6.

Tomentum blanc cotonneux abondant, caduc surtout dans la portion supérieure de la plante, et à la naissance des glomérules. Sur les feuilles radicales de première année il se montre généralement persistant.

Hab. — Le bord des chemins, les terrains vagues et incultes, les remblais. CC. dans tout le centre de la France.

Rapports et différences. — Le *Verb. floccosum* ne saurait être confondu avec aucune autre espèce de notre région, son tomentum caduc le faisant reconnaître sur-le-champ. Si l'on était tenté de confondre certaines de ses formes automnales, ou dépouillées de leur indument par les pluies, avec quelques-unes des formes du *V. lychnitis*, la seule inspection du stigmate pourrait faire reconnaître l'erreur.

Variations. — Elles sont peu notables, et souvent accidentelles. Ainsi l'absence d'indument résulte toujours, soit des pluies torrentielles qui l'entraînent facilement, soit aussi d'un développement tardif. Dans les lieux ombragés et un peu frais, le tomentum est moins abondant et moins blanc que sur la plante végétant dans un terrain aride. Les feuilles cordiformes se montrent parfois dès le milieu de la tige, mais plus souvent seulement à la naissance des rameaux. La plupart des prétendues variations du *V. floccosum*, mieux étudiées et mieux appréciées ont été rapportées à des cas d'hybridité. J'en signale plus loin quelques-uns.

Observ. 1. — Je m'étonne que le stigmate du *V. floccosum* ait été décrit jusqu'ici, comme étant capité. C'est une erreur évidente ; sans doute il n'offre pas la forme étroitement oblongue de celui du *V. thapsiforme* ; mais la forme capitée du stigmate du *V. thapsus* ne lui convient pas davantage ; il est en quelque sorte intermédiaire. La figure qu'en donne M. Humnicki est excellente, bien que dans certains cas il soit un peu plus atténué au sommet.

Observ. 2. — MM. Grenier et Godron rapportent le *V. floccosum* en synonyme au *V. pulverulentum*, Vill. Mais il n'est pas parfaitement certain que l'auteur de la Flore du Dauphiné ait eu en vue notre plante. Schrader, qui avait reçu la plante de Villars lui-même, en donne une description qui ferait plutôt croire, ce me semble, qu'il avait sous les yeux un des produits hybrides du *V. lychnitis* et du *V. floccosum*, et comme d'un autre côté la Flore du Dauphiné n'est pas suffisamment explicite à cet égard, j'ai cru devoir abandonner une dénomination qui peut être une cause d'erreur.

Observ. 3. — Tout en rejetant le synonyme de Villars, M. Boreau admet comme espèce distincte du *V. floccosum*, le *V. pulvinatum*, Thuil, ce dernier caractérisé surtout par ses *feuilles crénelées, les supérieures arrondies et subitement rétrécies en pointe oblique*, tandis que le *V. floccosum* aurait les *feuilles entières, toutes oblongues aiguës*. J'ai vainement cherché à appliquer ces caractères aux plantes si connues de tous et si répandues partout. Les feuilles supérieures ou *tout au moins les raméales* se sont constamment montrées ovales ou cordiformes subitement mucronées, mais jamais *toutes oblongues aiguës*. De même je n'ai jamais vu ces mêmes feuilles crénelées ni entières, mais toujours finement dentées, à dents plus ou moins obtuses, plus ou moins apparentes selon l'abondance du tomentum. Je ne pense donc pas qu'il y ait lieu d'admettre ici deux espèces.

Nous verrons cependant plus loin que les feuilles supérieures *oblongues aiguës*, peuvent se montrer chez des produits bien voisins du *V. floccosum*. Mais le cas est très-rare, et les plantes qui le constituent ne sont point celles que M. Boreau veut décrire, puisqu'il signale son *V. floccosum* comme fort répandu. Je n'ai malheureusement pas été à même de consulter le texte et la figure originale. Mais si Schrader et Koch ont bien apprécié la plante de Waldstein et Kitaibel, il est hors de doute que la dénomination de *V. floccosum* ne convienne à la nôtre [1].

× V. EURYALE Franchet. (*floccosum* + *Lychnitis ?*)— Tige atteignant un mètre, rameuse, à rameaux dressés peu écartés de l'axe. Feuilles caulinaires inférieures, superficiellement crénelées, oblongues, atténuées en pétiole souvent assez long; les moyennes et les supérieures lancéolées acuminées, les raméales lancéolées, apiculées, mais non brusquement, les bractéales dépassant sou-

[1] M. Kerner, directeur du jardin botanique d'Innsbruck (Tyrol), a eu l'obligeance de me communiquer un exemplaire du *V. floccosum* de Hongrie, étiqueté de la main même de Kitaibel. Les feuilles supérieures et les raméales sont sessiles, demi embrassantes, cordiformes arrondies, subitement et longuement rétrécies en pointe oblique. Les crénelures ou dentelures sont extrêmement fines et peu apparentes sous le tomentum épais qui les recouvre. La plante de Hongrie ressemble tout à fait au *V. floccosum* tel que je le décris, croissant dans les lieux secs et découverts de notre région. *(Note ajoutée à l'impression.)*

vent les glomérules par leur long mucron. Glomérules très-espacés, composés de 5 à 10 fleurs noyées avant l'anthèse dans un duvet floconneux caduc. Pédicelles égalant à peu près le calice ou plus courts que lui. Calice très-petit (2 à 3 mill.), partagé profondément en 5 sépales linéaires aigus (la fig. 7 de la pl. II, ne rend pas exactement ce caractère). Corolle médiocre (20 à 25 mill.) plane, d'un beau jaune avec des stries violacées à la gorge. Tous les filets staminaux munis de poils blancs ou jaunâtres, mélangés de quelques poils violacés, souvent très-pâles, parfois manquant complétement et cela sur une même tige. Anthères peu inégales entre elles. Stigmate ovoïde arrondi au sommet. Capsules souvent avortées, se développant néanmoins sur quelques individus et dans ce cas de même forme que celles du *V. floccosum*. — Conf. pl. II, fig. 7.

Tomentum cotonneux ordinairement moins caduc que celui du *V. floccosum*, un peu pulvérulent.

Hab. avec les parents. — Loir-et-Cher, Cellettes! Cour Cheverny! Gièvres! (Em. Martin) Villeherviers! — Loiret, les environs d'Orléans.

Rapports et différences. — Le *V. Euryale* a tout à fait le port du *V. floccosum*. Toutefois un examen attentif fait découvrir certaines différences notables qu'il est possible d'apprécier même après la dessiccation. Je ne parle pas de la coloration en violet d'une partie des poils des filets staminaux, caractère facile à saisir, mais qui ne se montre pas constant sur un même individu. Les feuilles bractéales sont lancéolées, atténuées au sommet, les rameaux de la panicule raides peu écartés de la tige, à peu près comme dans le *V. lychnitis* bien qu'on y puisse toujours reconnaître jusqu'à un certain point du *V. floccosum*.

Il se distingue plus facilement encore de la plante

suivante, par son tomentum, par la consistance épaisse de ses feuilles, et surtout par la présence d'un duvet floconneux enveloppant les fleurs avant l'anthèse.

Il offre également une certaine analogie avec le *V. Wirtgeni*. Mais la couleur violacée des poils de ses filets staminaux n'a point l'intensité et la constance de l'hybride du *V. nigrum*. Son tomentum est aussi beaucoup plus blanc et moins fin que chez ce dernier ; enfin, en cas de doute, il sera toujours utile de s'assurer des espèces en société desquelles il aura été trouvé.

Variations. — Elles sont assez nombreuses et difficiles à exprimer dans une description. Ainsi son tomentum est le plus souvent analogue à celui du *V. floccosum*. Mais il peut se présenter des individus dont l'indument court et grisâtre rappelle un peu celui du *V. lychnitis*. De même ses feuilles peuvent avoir une tendance plus accusée vers l'une ou l'autre espèce. Les bractées manquent quelquefois. Les sujets d'hésitation sont donc nombreux. On peut cependant résumer les caractères de la plante ainsi qu'il suit : Port et caractères généraux du *V. floccosum*, dont elle diffère par ses feuilles bractéales lancéolées, atténuées en pointe (et non cordiformes, brusquement contractées au sommet). Poils des filets staminaux en partie d'un violet pâle, au moins dans quelques corolles ; rameaux rapprochés de la tige.

Observ. — Le *V. euryale* est-il bien réellement un hybride, et dans l'affirmative, quels sont ses parents? Je me suis souvent posé ces deux questions, qui ne me paraissent point encore résolues d'une façon tout à fait satisfaisante. Le développement assez fréquent des capsules semblerait de nature à jeter quelque lumière sur son origine. De ce côté mes espérances ont été déçues. Trois semis successifs de graines ayant toutes les apparences d'une bonne conformation, n'ont amené aucun résultat, et j'avoue que ce fait a beaucoup contribué à me faire considérer le *V. euryale* comme un hybride.

Je l'ai toujours rencontré dans le voisinage immédiat des *V. floccosum* et *lychnitis*. MM. Em. Martin et Humnicki ont fait la même observation de leur côté. Il est donc permis de présumer, qu'il doit son origine au croisement de ces deux espèces. L'examen d'assez nombreux individus est venu confirmer cette manière de voir. Les feuilles raméales et bractéales du *V. euryale* empruntent en effet leur forme à celles du *V. lychnitis;* j'en dirai autant du mode de ramification et dans certains cas de la nature de l'indument qui participe de celui des deux espèces. La coloration en violet de quelques poils staminaux, semble seule devoir causer de l'embarras. Mais cette particularité existant déjà chez certaines formes des *V. nothum*, *Godroni* et *Lamottei,* également issus de parents à poils des filets staminaux éminents blancs ou jaunâtres, rien n'est plus naturel que d'admettre le même fait dans le produit du croisement des *V. lychnitis* et *floccosum*, offrant tous les deux du reste des stries violacées à la gorge.

Telles sont les raisons qui m'ont conduit à ranger le *V. euryale* parmi les hybrides. Toutefois je les donne ici sous toutes réserves.

Quoi qu'il en soit de son origine, je crois qu'il importe de séparer le *V. euryale* du *V. floccosum* dont il ne saurait être une simple forme ou une variété, si l'on considère son mode de ramification aussi bien que la forme de ses feuilles bractéales.

× V. Nisus. Franchet. (Lychnitis + floccosum?)

Tige atteignant 1 mètre, anguleuse dans sa partie supérieure; feuilles minces crénelées, les caulinaires inférieures oblongues, les moyennes et les supérieures lancéolées ovales, atténuées aux deux extrémités, les raméales lancéolées apiculées. Glomérules écartés, composés de 4 à 8 fleurs, à pédicelle égalant deux fois le calice, ou plus court. Calice très-petit (2 à 3 mil.), partagé presque jusqu'à la base en 5 sépales linéaires aigus. Corolle petite (20 mil.), plane, d'un jaune pâle. Cinq filets staminaux pourvus de poils jaunâtres, mélangés d'autres poils violacés manquant parfois (les deux cas se produisent dans les corolles d'un même individu). Stigmate ovoïde, à peu près aussi haut que large. Les capsules avortent. — Conf. Pl. III, fig. 12.

Tomentum court, grisâtre, surtout sur la face inférieure des feuilles, comme pulvérulent dans la panicule et sur les rameaux.

Hab. Avec les parents. — Loir-et-Cher, Celletes! Averdon! Villeherviers! Pruniers (Em. Martin). — Loiret, Chevilly (Humnicki).

Rapports et différences. Cette plante a les plus grands rapports avec le *V. lychnitis,* dont elle ne se distingue facilement que par la présence de poils violacés sur les filets staminaux au moins dans quelques corolles d'un même individu ; un caractère plus important, mais d'une observation plus difficile, réside dans la forme du stigmate beaucoup moins déprimé que chez le *V. lychnitis,* et se rapprochant beaucoup de celui du *V. floccosum.*

Elle se sépare du *V. euryale* par ses glomérules qui ne sont jamais plongés avant l'anthèse dans un tomentum blanc, cotonneux, par ses feuilles minces, dénudées sur leur face supérieure, par son indument fin, court et grisâtre, nullement caduc, par son port qui est tout à fait celui du *V. lychnitis.*

On le distinguera du *V. schiedeanum* à la coloration pâle et moins constante de ses poils staminaux, et en cas de doute, d'après la considération des parents, dont l'un est différent.

Variations. — Le *V. nisus* varie beaucoup moins que le *V. euryale*, en ce sens qu'il offre toujours le *facies* du *V. lychnitis*.

Observ. — J'ai été amené à considérer cette plante comme un hybride par les mêmes motifs qui m'avaient conduit à ranger le *V. euryale* parmi les produits adultérins. Les parents sont les mêmes, mais leur rôle est interverti.

L'avortement des capsules me semble bien plus constant chez cet hybride que chez le précédent, car bien que j'aie été à même d'en examiner un plus grand nombre d'individus, je n'ai jamais pu constater chez aucun d'eux une seule capsule développée.

— Remarques sur les *V. euryale* et *nisus*. — Il me semble donc à peu près certain que ces deux plantes résultent du croisement des *V. floccosum* et *lychnitis*. Mais ici surgit une difficulté. Les hybrides entre ces deux espèces sont décrits depuis plusieurs années et ne sauraient être assimilés complétement à ceux que je signale ici. Koch, dans son Synopsis, nous en a le premier fait connaître un sous le nom de *V. lychnitidi-floccosum* Ziz. Plus tard, dans son travail sur les *Verbascum* des environs de Chambéry, M. Paris en signala deux, résultant du changement de rôle des parents dans le croisement. Ce sont les *V. pulverulento*[1]*-lychnitis* et *lychnitidi-pulverulentum;* le premier est synonyme, d'après M. Paris, des *V. lychnitidi-floccosum* Ziz., et peut se caractériser ainsi d'une façon générale : portion inférieure de la tige, jusqu'à la panicule, analogue à la portion correspondante chez le *V. lychnitis;* panicule, feuilles raméales et bractéales (cordiformes brusquement acu-

[1] Pour M. Paris, le *V. floccosum* est synonyme du *V. pulverulentum*.

minées) du *V. floccosum*. Le *V. lychnitidi-pulverulentum* au contraire offre la panicule étroite du *V. lychnitis* et les feuilles du *V. floccosum*, sans en excepter les raméales et les bractéales. J'insiste sur ce dernier caractère, qui est commun aux deux hybrides de M. Paris, tandis que les *V. euryale* et *nisus* sont remarquables par la forme étroite de leurs feuilles raméales et de leurs bractées.

Il résulte de tout ceci, qu'en se croisant entre eux, les *V. floccosum* et *lychnitis* donnent naissance à des hybrides sur lesquels leur action se manifeste d'une façon très-irrégulière. Tantôt elle modifie la coloration d'une partie des poils des filets staminaux, la forme du stigmate, des feuilles raméales et des bractées ; c'est le cas des *V. euryale* et *nisus*. Tantôt cette modification affecte plus particulièrement les rapports des organes foliacés et de la panicule, attribuant à un *V. lychnitis* la panicule d'un *V. floccosum* et réciproquement, comme nous le voyons chez les hybrides décrits par Koch et par M. Paris.

Je ne pense pas toutefois que l'on doive décrire 4 hybrides entre les deux espèces précédentes. Il est fort possible qu'il en soit pour ces plantes comme pour les produits des *V. floccosum* et *thapsus*, c'est-à-dire que les 2 hybrides résultant d'un croisement inverse entre les *V. lychnitis* et *floccosum* offriront chacun leur variété *concolor* et *discolor*. Mais je ne connais pas assez les *V. lychnitidi-pulverulentum* et *pulverulento-lychnitis* (lychnitidi-floccosum Ziz.), pour avoir une opinion suffisamment établie à cet égard.

6. V. Lychnitis. L. sp. 253 ; Schrader monog. II., p. 18 ; Koch Synops. (ed. 3.) II, p. 443. Boreau, Fl. du cent. (ed. 3) II, p. 474 ; Grenier et God., Fl. de France, II, p. 552.

Tige atteignant un mètre, anguleuse dans le haut, simple ou rameuse, à rameaux dressés courts, peu écartés de l'axe. Feuilles minces, les radicales très-grandes, doublement et profondément dentées, oblongues; les caulinaires inférieures de même forme, atténuées en pétiole, les moyennes et les supérieures brusquement décroissantes, sessiles, étroitement lancéolées aiguës, ainsi que les raméales et les bractéales qui sont en outre longuement apiculées. Glomérules écartés, composés de 2 à 8 fleurs à pédicelles inégaux, les plus longs égalant deux fois le calice. Calice petit (3 à 4 mil.), partagé presque jusqu'à la base en 5 sépales linéaires aigus. Corolle petite (15 à 20 mil.), plane, jaune, avec des stries violacées à la gorge, ou d'un blanc verdâtre. Tous les filets staminaux pourvus de poils blancs jaunâtres, les 2 inférieurs moins abondamment et seulement sur une face. Anthères insérées toutes transversalement, peu inégales entre elles. Stigmate capité très-déprimé, plus large que haut. Capsule ovoïde, un peu étranglée au sommet, très-variable dans sa taille (4 à 8 mil.). Conf. Pl. III, fig. 11.

Tomentum court, grisâtre, persistant, moins abondant à la face supérieure des feuilles.

Plante noircissant par la dessiccation.

Var. α. *Gymnostemon* — filets staminaux tout à fait dépourvus de poils.

Hab. Les lieux secs, les clairières des bois, le bord des chemins. C. dans le centre de la France : la variété α : Loir-et-Cher, environs de Mondoubleau (Legué).

Rapports et différences. — Le *V. lychnitis* ne saurait être confondu qu'avec les hybrides résultant de son croisement avec le *V. floccosum* ou le *V. nigrum*. Parmi ces hybrides, ceux qui offrent des poils violacés sur leurs filets staminaux, seront toujours facilement reconnaissables ; quant aux autres, leurs bractées largement ovales, cordiformes acuminées, éloigneront toutes les chances d'erreur, et l'espèce mère restera ainsi seule, avec ses longues feuilles bractéales et ses poils staminaux blanchâtres.

Variations. — Elles atteignent surtout la coloration des fleurs et les dimensions de la capsule. Quelques floristes ont cru pouvoir élever au rang d'espèce la variété à fleurs blanches, *V. album* Mœnch. Malheureusement aucune autre note différentielle sérieuse, ne se montre à l'appui de celle qu'ils trouvent dans la décoloration des corolles. La longueur des bractées que j'ai vu quelquefois invoquer, se montre tout aussi considérable dans le type à fleurs jaunes.

7. V. NIGRUM. L. Sp. 253 ; Schrad., monog. II, p. 24. Koch, Synopsis (ed. 3), II, p. 443. Boreau, Fl. du centre, ed. 3, II, p. 474 ; Gren. et God., Fl. de Fr., II, p. 552.

Tige dépassant rarement 1 mètre, anguleuse dans sa partie supérieure, tout à fait simple ou rameuse, à rameaux courts, dressés, longuement dépassés par l'axe. Feuilles minces, les radicales souvent profondément dentées à la base, longuement pétiolées, échancrées en cœur, ovales obtuses, les caulinaires inférieures et moyennes de même forme, mais crénelées et souvent seulement tronquées inférieurement, les supérieures lancéolées, brièvement pétiolées, les raméales et les bractéales sessiles, ovales, plus ou moins brusquement mucronées. Glomérules rapprochés sur la tige et sur les rameaux, composés de 5 à 10 fleurs, à pédicelles inégaux dressés, les plus longs égalant au moins le calice. Calice petit (3 à 4 mil.), partagé presque jusqu'à la base en 5 sépales linéaires aigus. Corolle petite (20 mil.), plane, d'un beau jaune, marquée à la gorge de stries violacées. Les filets staminaux sont peu inégaux entre eux, et tous munis de poils d'une belle couleur violacée, excepté sous l'anthère où ils sont généralement blancs, ainsi qu'à la base des deux filets staminaux inférieurs, qui sont en même temps nus sur l'une de leurs faces et au sommet. Anthères toutes transversales, à peu près égales entre elles. Stigmate capité, déprimé, plus large que haut. Capsule ovoïde dépassant peu les sépales. — Conf. Pl. V, fig. 18.

Tomentum grisâtre, peu abondant sur la tige et la face supérieure des feuilles, parfois blanchâtre, assez épais à leur face inférieure ; plante verte.

Hab. Les terrains argilo-siliceux. A. C. dans le centre de la France, surtout dans la partie Est et dans la région des montagnes ; plus rare dans l'Ouest. — Loiret, Malesherbes (Boreau) ; Villefallier, près de Jouy-le-Pothier (Nouel). — Indre-et-Loire, Antogny. — Loir-et-Cher, Vendôme ! Thoré ! Montdoubleau ! Cormenon !

Rapports et différences. — Le *V. nigrum* ne peut être confondu qu'avec le *V. Chaixii*. Mais cette espèce ne croissant pas dans le centre de la France, il est inutile de se préoccuper ici de leurs rapports.

On le distinguera toujours facilement des nombreux hybrides résultant de ses croisements avec les *V. floccosum* et *lychnitis*, à ses feuilles radicales et caulinaires inférieures cordiformes, échancrées à la base.

Variations. — Elles sont fort nombreuses et parfois si accentuées qu'elles ont paru suffisantes pour constituer des types spécifiques différents. Ainsi par exemple, le *V. parisiense* Thuil., a été établi sur la forme rameuse et robuste qu'on observe souvent sur le bord des haies un peu couvertes. Le *V. alopecurus* Thuill. qui peut sembler tout d'abord devoir être distingué en considération de sa tige simple et du tomentum épais, blanchâtre qui couvre la face inférieure des feuilles, n'est en réalité qu'une variété qui ne se maintient pas, même dans un semis de deuxième année.

M. Billot a publié dans ses exsiccata sous le n° 3666, un *V. nigrum* provenant de Champagny (Haute-Saône), dont les feuilles caulinaires inférieures offrent une légère tendance à être atténuée à la base (du moins dans l'échantillon que j'ai reçu). Ce cas est rare, mais il n'en prouve pas moins une certaine instabilité de forme dans les organes foliacés. De même les feuilles raméales sont tantôt lancéolées, tantôt ovales acuminées.

Mais il est très-rare de voir varier la couleur des poils des filets staminaux. On connaît cependant certains cas où ces poils se montrent tout à fait blancs. Leur absence complète constitue la variété γ. *Gymnostemon* Rœm. et Schult. Syst. veget. 4, p. 345. Cette variété n'ayant pas encore été observée à ma connaissance dans notre région, je ne la mentionne ici que pour mémoire.

× V. SCHOTTIANUM. Schrad. mon. II, p. 157. Tab. III, f. 2. (nigrum + floccosum).

Tige atteignant un mètre, un peu anguleuse, supérieurement rameuse, à rameaux dressés, courts, peu écartés et longuement dépassés par l'axe. Feuilles épaisses, les caulinaires inférieures dentées, pétiolées, ovales ou lancéolées, atténuées ou arrondies à la base, les moyennes lancéolées ou ovales, sessiles ou brièvement pétiolées, les supérieures ovales ou cordiformes, brusquement acuminées, sessiles, les raméales et les bractéales de même forme. Glomérules assez écartés, composés de 2 à 6 fleurs, à pédicelles inégaux, les plus longs égalant le calice. Calice petit (2 ou 3 mil.), partagé jusqu'aux 2/3, en 5 sépales lancéolés aigus. Corolle petite (15 à 20 mil.), plane, d'un beau jaune, avec des stries violettes à la gorge. Tous les filets staminaux munis de poils d'un beau violet, mélangés de quelques autres blanchâtres.

Anthères insérées toutes transversalement, peu inégales entre elles. Stigmate capité (mais non déprimé, comme dans le *V. nigrum*), un peu atténué au sommet, à peu près aussi haut que large. Les capsules avortent.

Tomentum épais, blanchâtre, cotonneux, persistant.

Hab. Avec les parents. — Loir-et-Cher, Cormenon! — Indre-et-Loire, Antogny (herb. Delaunay). — Vienne, Lathus, Availle Limousine (herb. Boreau!) — Creuse, Ahun (id.!) — Charente, Angoulême! Balzac! (de Rochebrune).

Rapports et différences. — Se distingue du *V. floccosum* par son tomentum persistant et ses poils staminaux violacés; du *V. euryale,* par son tomentum épais très-persistant et l'intensité de la coloration violette de ses poils staminaux; du *V. nigrum,* par l'abondance de son tomentum également réparti sur la face inférieure et supérieure des feuilles, par ses feuilles jamais cordiformes; du *V. Wirtgeni,* par son indument complétement différent, et ses feuilles inférieures toujours longuement pétiolées; du *V. schiedeanum,* par ses feuilles plus larges, jamais brusquement décroissantes, par son tomentum, etc.

Variations. — On a pu juger par la description, de l'instabilité de la forme de ses feuilles, instabilité due à l'influence plus prépondérante, tantôt du *V. nigrum,* tantôt du *V. floccosum.* Le mélange des poils blancs et violacés sur les filets staminaux, n'a aucune fixité. Parfois les deux couleurs sont également entremêlées, ou bien encore le blanc domine en haut ou en bas. Le filet staminal impair (supérieur), peut également n'offrir que des poils complétement blancs. C'est ce que j'ai constaté sur un individu recueilli à Angoulême.

Ce qui me paraît tout particulièrement stable dans cet hybride, c'est la présence d'un long pétiole chez les feuilles caulinaires inférieures et souvent chez les moyennes; c'est aussi l'épaisseur et la persistance du tomentum blanchâtre également distribué sur les deux cotés des feuilles. Ce caractère ne s'observe jamais chez le *V. nigrum*.

Observ. — J'ai dû être très-sobre de synonymes, car je crois que tous les floristes ont réuni les deux hybrides que je décris ici comme distincts, *V. Schottianum* et *V. Wirtgeni.* Smith, Fl. brit. I, p. 251, est le premier floriste qui ait signalé un hybride spontané des *V. nigrum* et *pulverulentum* (notre *V. floccosum.*), qu'il nomma conséquemment *nigro-pulverulentum*, le rapportant en variété β à son *V. pulverulentum*. Il le distingua surtout de cette espèce par ses feuilles inférieures pétiolées et les poils violets des étamines.

Quelques années après, de Candolle donna dans sa Flore française, t. III, p. 603, la description d'un *Verbascum* très-voisin, mais auquel il rapportait avec doute le synonyme de Smith. C'est le *V. mixtum* Ramond. D'après les lois de la priorité, il semblerait que j'eusse dû choisir pour la plante que je viens de décrire, la dénomination spécifique imposée par Ramond, puisque celle de Schrader ne parut qu'en 1822. Mais j'avoue que j'en ai été tout d'abord empêché par le texte de Decandolle qui commence sa description par ces mots : « Cette plante a le feuillage de la molène Lychnis. » Cette courte phrase ne semblerait-elle pas indiquer que l'auteur de la Flore française avait sous les yeux l'hybride décrit plus tard sous le nom de *V. schiedeanum?*

Mérat, dans sa Flore de Paris (ed. 1re 1812), p. 87, signale un *V. nigro-pulverulentum* Sm., puis un *V. mixtum*, qu'il donne comme une espèce légitime et qui me paraît d'après la description, se rapprocher beaucoup du *V. schottianum*.

Schrader, décrit et figure assez bien la plante qu'il nomme *V. schottianum*. Il lui attribue un stigmate oblong, ce qui n'est pas, je crois, tout à fait exact, tout en indiquant que l'auteur ne le jugeait pas semblable à celui du *V. nigrum*. Schrader dit aussi que les feuilles sont recouvertes d'un tomentum assez fin : « folia tomento quam in precedente (*V. speciosum*) tenuiori vestita. » Ce caractère semblerait ne devoir pas permettre d'appliquer le nom de Schrader à notre plante. Aussi est-ce uniquement sur la foi de Koch que je l'ai adopté. Dans son Synopsis (ed. 3), p. 445, il décrit un *V. nigro-floccosum* auquel il rapporte sans hésiter en synonyme, le *V. Schottianum*. Ce qu'il en dit me paraît de nature à éloigner toute ambiguité. Je sais que telle n'est pas l'opinion de Reichenbach dans le *Flora excursoria*, puisqu'il compare le *V. Schottianum* au *V. lychnitis*, en ajoutant que par la dessiccation, ses feuilles deviennent noires. On ne saurait donc douter qu'à ses yeux la plante de Schrader ne fût synonyme du *V. Schiedeanum*, mais j'avoue ne rien trouver dans la description originale qui puisse autoriser suffisamment un semblable rapprochement.

Si je me suis étendu aussi longuement sur l'histoire de cet hybride, c'est qu'il me paraît un des plus anciennement connus et à ce titre avoir subi plus qu'aucun autre les péripéties de la synonymie.

+ V. WIRTGENI Franchet. (floccosum + nigrum).

Tige atteignant un mètre, arrondie, simple ou à rameaux peu écartés de l'axe. Feuilles crenelées, les caulinaires inférieures oblongues atténuées à la base ou ovales arrondies à pétiole nul ou très court; les moyennes et les supérieures sessiles, ovales aiguës, les supérieures et les raméales largement ovales ou cordiformes, souvent brusquement terminées en un long acumen. Glomérules assez espacés, composés de 3 à 10 fleurs à pédicelles inégaux dépassant deux fois le calice ou plus courts que lui. Calice petit (2 ou 3 mill.) partagé presque jusqu'à la base en 5 sépales linéaires aigus. Corolle petite (15 à 20 mill.) plane, d'un beau jaune avec des stries violacées à la gorge. Tous les filets staminaux pourvus de poils en partie d'un beau violet. Anthères insérées toutes transversalement, presqu'égales entre elles. Stigmate cordiforme arrondi, à peu près aussi large que haut, peu atténué au sommet. Les capsules ne sont pas développées sur mes échantillons. — Conf. pl. 6 fig. 21.

Tomentum fin, peu serré, grisâtre, caduc, manquant presque complétement sur les tiges et la face supérieure des feuilles.

Hab. avec les parents — Loiret, Villefallier près de Jouy-le-Pothier! (Nouel). Je ne doute pas que cet hybride n'ait été rencontré ailleurs, mais je ne l'ai vu d'aucune autre localité française. Il paraît moins fréquent que le précédent.

Rapports et différences. — Cet hybride a tout à fait l'aspect d'un *V. floccosum* dépouillé de son indument, mais indépendamment de la coloration des poils des filets staminaux, il s'en éloigne encore par la forme de son stigmate, par la longueur de quelques uns des pédicelles du glomérule, par le peu d'épaisseur des feuilles et surtout par l'absence presque complète de tomentum sur la tige et à la face supérieure des feuilles, ce qui leur donne un peu la physionomie de celles du *V. nigrum* Enfin les glomérules ne sont jamais noyés dans le duvet avant l'anthèse, comme ceux du *V. floccosum*

Le *V. Wirtgeni* se distinguera toujours du *V. Schottianum* par son indument et l'absence complète ou à peu près de pétiole chez ses feuilles inférieures; la forme ovale ou en cœur brusquement acuminée de ses feuilles supérieures et raméales, ne permettra pas de le confondre avec l'hybride suivant.

Variations. — Les feuilles caulinaires inférieures peuvent être oblongues, obovales ou même largement ovales, arrondies à la base; mais dans tous les cas leur pétiole est nul ou à peu près. On observe aussi quelquefois à la face supérieure des feuilles un duvet fin, verdâtre, très peu abondant.

Observ. — J'ai distingué cet hybride sur les échantillons distribués par M. Wirtgen dans ses exsiccata des *Verbascum* des bords du Rhin, sous le n° 15, et sous le nom de *V. Schottianum* Koch, *forma cuspidata ;* les n°s 13 et 14 de la même collection, représentant seuls à mon avis et d'après les échantillons reçus, le véritable *V. Schottianum.* Je pense qu'on doit aussi rapporter au *V. Wirtgeni,* l'hybride publié dans le *Flora exsiccata* de C. Billot, sous le nom de *V. Schottianum* Schrad. et sous le n° 3664, malgré que l'étiquette mentionne en synonyme le n° 14 des exsiccata de Wirtgen, que j'ai dit précédemment être la véritable plante de Schrader. Ceci prouve qu'il y a eu confusion de formes dans la distribution des specimens.

Enfin je considère encore comme un *V. Wirtgeni,* l'hybride recueilli en 1863 par M. Bourgeau à Hoyoquesero (Espagne) et publié par lui sans n° d'ordre dans ses exsiccata.

+V. SCHIEDEANUM Koch taschenb. 371 ; synops. Ed.3. II. p. 446. (Nigrum + lychnitis). V. Nigro-lychnitis Schied. pl. hyb. p. 40; Gren. et God. fl. de Fr. II. 557.

Tige atteignant 1 mètre, anguleuse dans sa partie supérieure, simple ou rameuse, à rameaux courts dressés, peu écartés, dépassés par l'axe. Feuilles minces inégalement dentées crenelées, les radicales ovales ou oblongues pétiolées, les caulinaires inférieures et moyennes ovales lancéolées, rétrécies en pétiole allongé, les supérieures et les raméales lancéolées atténuées au sommet, les bractéales longuement acuminées. Glomérules écartés, composés de 3 à 6 fleurs inégalement pédicellées, à pédicelles souvent deux fois plus longs que le calice. Calice très petit (2 à 3 mill.) partagé presque jusqu'à la base en 5 sépales linéaires aigus. Corolle petite (15 à 20 mill.) plane, d'un beau jaune avec des stries violacées à la gorge. Tous les filets staminaux munis de poils d'un beau violet, mélangés de quelques autres d'un blanc jaunâtre, anthères insérées toutes transversalement, peu inégales entre elles. Stigmate capité déprimé, plus large que haut. Les capsules ne sont pas développées dans mes échantillons.

Tomentum très fin, grisâtre, peu abondant sur la face supérieure des feuilles, comme poudreux sur la tige et sur les rameaux.

Hab : avec les parents.—Vienne. Lussac les Châteaux (Chaboisseau, herb. Boreau !)

Rapports et différences. — Cet hybride ne peut être sûrement distingué du *V. lychnitis* que par la présence de nombreux poils d'un beau violet sur les filets staminaux, et parfois aussi par les crénelures plus aigues des feuilles, et le plus long pétiole des caulinaires moyennes. Il ressemble beaucoup au *V. Nisus*, mais la coloration de ses poils staminaux est d'un violet bien plus intense, et son stigmate d'une forme tout à fait différente. En cas d'hésitation, la connaissance des ascendants pourra seule lever tous les doutes.

Variations. — J'ai observé quelques différences dans la nature du tomentum, ordinairement fin et grisâtre, mais parfois assez épais et blanchâtre. Les crénelures des feuilles sont tantôt presque nulles, tantôt superficielles arrondies, tantôt enfin profondes et aiguës; elles constituent alors de véritables dents.

Observ. — J'ai décrit la plante sur des exemplaires assez nombreux, provenant de diverses localités de la Prusse rhénane. Tous ont les feuilles inférieures oblongues ou obovales atténuées en pétiole, contrairement à ce que dit Koch, Synops. Ed. 3. II. p. 446 : « foliis.... « caulinis inferioribus oblongo ovatis basi obtusis in « petiolum contractis. » Aussi ce n'est pas sans quelque hésitation que j'ai attribué à notre hybride la dénomination de *V. Schiedeanum* Koch. Toutefois en cela j'ai suivi l'opinion de MM. Boreau, Grenier et Godron qui lui attribuent des feuilles inférieures *atténuées en pétiole*, et aussi celle de M. Wirtgen, qui n'a publié que des feuilles offrant cette forme.

J'ai vu dans l'herbier de M. Boreau un Verbascum auquel la diagnose du Synopsis conviendrait beaucoup mieux. Il provient des environs de Chatel-Censoir (Yonne) où il a été recueilli en 1844, par M. Sagot, qui remarqua qu'il croissait au milieu des *V. nigrum* et *lychnitis*. La plante de M. Sagot a les feuilles inférieures ovales, contractées à la base en pétiole étroit; elles sont profondément dentées comme celles du *V. nigrum* dont le facies se retrouve dans toute la plante d'une façon un peu plus accentuée que chez l'hybride que je viens de décrire. — Le tomentum est assez épais, blanchâtre à la face inférieure des feuilles.

Je ne puis qu'appeler l'attention des botanistes sur cet hybride qui sera probablement retrouvé.

Remarques sur les hybrides provenant du croisement des espèces de la section lychnitis entre elles.

1° Le croisement du *V. floccosum* par le *V. lychnitis*, ou *vice versâ*, semble avoir un double résultat ne se manifestant pas en même temps sur un même individu. Tantôt il modifie la coloration des poils des filets staminaux, au moins dans quelques corolles; tantôt il atteint plus spécialement la forme des feuilles raméales et des bractées, et cela de façon que la présence de poils en partie violacés coïncide toujours avec la forme allongée des feuilles raméales [1] et l'absence de poils ainsi colorés avec l'existence de feuilles raméales et de bractées courtes, ovales ou cordiformes brusquement acuminées [2]. Des observations plus nombreuses invalideront cette observation, ou viendront lui prêter leur appui.

2° Le croisement du *V. nigrum* avec l'une des deux espèces citées, *V. floccosum* ou *V. lychnitis*, a pour résultat constant (d'après toutes les observations qui me sont connues) la coloration en violet *intense* de la majeure partie des poils des filets staminaux. Sur le reste de la plante, le croisement occasionne une sorte de mélange de caractères, combinés néanmoins de telle sorte qu'il y a toujours prédominance marquée dans les organes de la végétation, des notes spécifiques empruntées aux *V. floccosum* et *lychnitis*. Il en résulte que les hybrides ont plutôt l'apparence d'une de ces deux espèces que du *V. nigrum,* cette dernière semblant concentrer toute son action sur la coloration des poils des filets staminaux.

[1] Ex. : *V. Nisus, V. Euryale*. Franc.

[2] Ex. : *V. pulverulento-lychnitis*, Paris, et *V. Lychnitidi-pulverulentum*, Paris.

Sectio III. Blattaria. — Anthères des étamines inférieures insérées obliquement; filets staminaux tous pourvus de poils en partie violacés. Indument exclusivement composé de poils simples subulés ou fourchus, et de poils capités glanduleux.

8. V. blattarioides Lam. dict. 4 p. 225; Schrad. monog. II. p. 189 ; Boreau Rev. Verb. sect. Blatt. p. 12.

Tige de 1 à 3 mètres, arrondie inférieurement, obtusement anguleuse au sommet, simple, ou plus souvent rameuse, à rameaux courts dressés très longuement dépassés par l'axe. Feuilles radicales longuement pétiolées, étroitement oblongues, profondément crénelées, souvent même sublobées, les caulinaires inférieures de même forme, mais moins profondément crenelées, les moyennes lancéolées sessiles, les supérieures étroitement cordiformes apiculées un peu embrassantes, les raméales et les bractéales subarrondies, brusquement acuminées. Pédicelles 1 à 5 plus courts que le calice. Calice grand, partagé presque jusqu'à la base en 5 sépales étroitement lancéolés très aigus. Corolle grande (25 à 40 mill.) plane, d'un beau jaune, avec des stries violacées à la gorge. Filets staminaux très inégaux entre eux, l'impair souvent très petit, tous munis de poils, les deux inférieurs seulement d'un côté. Poils en partie violacés, souvent blanchâtres au bas du filet et sous l'anthère, parfois complétement blancs sur un des côtés. Anthères très inégales entre elles, l'impaire petite, les deux inférieures très obliques à peu près 3 fois plus courtes que le filet. Stigmate capité très arrondi, plus large que haut. Capsule subglobuleuse un peu atténuée au sommet, plus courte que les sépales. — Conf. pl. VII. fig. 25.

Plante verte couverte de poils simples subulés ou fourchus, entremêlés, surtout dans la partie supérieure, de poils, courts, capités, glanduleux.

Hab. les champs incultes des terrains siliceux. A. R. dans le centre de la France. C. dans la Sologne et dans l'ouest.

Rapports et différences. — Cette plante a le port du V. Blattaria, avec lequel du reste on ne saurait en aucun cas la confondre, l'existence de poils simples subulés ou fourchus, ainsi que la brièveté des pétioles établissant entre les deux espèces une ligne de démarcation aussi réelle que facile à apprécier. Je m'étonne donc que M. Bentham se soit laissé aller à écrire, au sujet du *V. blattarioides* : « Valde affine V. blattariæ et « forsan ejus varietas. » Prod. X. p. 229.

Variations. — Elles peuvent être fort nombreuses, ou presque nulles selon le point de vue auquel on se place. Le *V. blattarioides* tel que l'a décrit Lamarck, et tel que le considère M. Boreau dans sa Révision des Verbascum de la section Blattaria, est une plante douée de beaucoup de fixité. Je ne vois guère en elle de variables que le nombre des pédicelles dans chaque glomérule (1 à 5) et la profondeur des crénelures des feuilles radicales, qui peuvent dégénérer en véritables sinus.

Observ.—Mais telle n'est pas la manière de voir de la majorité des floristes, qui ne considérant les *V. blattarioides* Lam., *blattarioides* Hoffm. et Link., *virgatum* With. que comme de simples synonymes, accordent ainsi à la plante en question une grande instabilité de formes. Je crois posséder les trois plantes dont la synonymie est en litige ou tout au moins les deux premières. Je les examinerai ici le plus brièvement qu'il sera possible.

D'abord je n'ai pas à revenir sur le *V. blattarioides* Lam., dont j'ai donné précédemment la description.

Je considère comme le *V. blattarioides* Link. et Hoff., la plante recueillie en 1863 à Navalmoral (Espagne) par

M. Bourgeau et que j'ai reçue de lui, sans n° d'ordre sous le nom de *V. blattarioides* Lam. La description et la figure du Flora lusitanica lui conviennent très bien, sauf les proportions moins grandes des feuilles inférieures. Mais ce caractère est d'une minime importance, comme on le sait; j'ai constaté en même temps sur la plante de M. Bourgeau une particularité singulière, mais sur la valeur spécifique de laquelle je ne suis pas suffisamment fixé. Chez tous les *V. blattarioides* Lam. que j'ai été à même d'observer [1], l'ovaire et le style sont complétement dépourvus de ces poils subulés, simples ou fourchus que l'on remarque sur toutes les autres parties de la plante, et dès lors exclusivement couverts de poils capités. Le spécimen de Navalmoral au contraire en présente abondamment sur ses capsules jeunes et à la base du style. Des observations ultérieures permettront de mieux apprécier cette particularité et feront juger de sa constance.

Quant au *V. virgatum* With., je ne connais pas sa description *princeps*, comme on dit, et je ne puis le juger que par ce qu'en dit Smith, *Flora Brit.* I, p. 253. « Caulis erectus, 5 vel 6 pedalis, a basi ramosus ligno-« sus, foliosus, teres, sed præ foliis decurrentibus fere « angulatus vel alatus, etc. » Le reste de la description s'applique assez bien au *V. blattarioides*. Mais l'on doit remarquer que la première phrase du floriste anglais ne saurait nullement convenir à la majorité des individus de la plante de France, qui ne sont jamais rameux dès la base [2], ni anguleux ailés inférieurement, par suite de la décurrence des feuilles.

[1] Cette observation ne s'applique pas aux hybrides qui comptent le *V. blattarioides* comme un de leurs ascendants. La plante d'Espagne n'offre de son côté aucun caractère d'hybridité.

[2] Aucun de nos *Verbascum* occidentaux n'est rameux dès la base

Telles sont probablement les considérations qui ont porté M. Boreau, loc. cit., à conserver l'espèce de Withering concurremment avec celle de Lamark, dont j'ai adopté la dénomination, comme ne pouvant être cause d'aucune erreur.

Je n'ai trouvé, malgré d'actives recherches, qu'un seu individu de *V. blattarioides* à feuilles réellement décurrentes ; je dis réellement, car il n'est pas rare d'en rencontrer, dont les feuilles supérieures offrent au point de jonction de la base de leur limbe avec la tige, une ligne très-étroite se prolongeant plus ou moins. Mais il ne faut pas confondre cette ligne avec la décurrence réelle ; bien qu'on doive reconnaître qu'elle témoigne d'une tendance profonde à la décurrence, même chez les espèces qui en paraissent le plus éminemment dépourvues [1]. J'ai donc trop peu vu d'individus offrant cette particularité pour avoir une opinion à leur sujet. Toutefois, j'aurais à l'exemple de M. Boreau, admis les deux espèces, si mon unique spécimen ne m'avait offert des pédicelles solitaires et non fasciculés comme le disent Smith et M. Boreau. Il m'a donc été permis de conclure de ce fait ou qu'il n'y avait pas corrélation nécessaire entre la décurrence des feuilles et le nombre des pédicelles ou que la plante en question m'était inconnue. Dans le doute je me suis abtenu.

Pour me résumer, et en admettant que les trois synonymes en litige ne doivent pas être réunis, je définirai ainsi les trois plantes.

sauf dans les cas accidentels d'une section au ras du sol. En lisant la description de Smith, si exact d'ordinaire, j'ai été souvent porté à croire qu'il avait sous les yeux, un individu mutilé, soit peut-être un specimen hybride. Dans cette dernière hypothèse on s'expliquerait très-bien cette phrase : « præ foliis decurrentibus fere angulatus vel alatus. »

[1] Le *V. dimorphum* a été l'occasion d'une observation analogue.

V. virgatum With. — Foliis inferioribus (ex Smith), intermediis (ex Boreau), breviter decurrentibus, floribus fasciculatis; planta breviter pilosa.

V. blattarioides Lam. — Foliis omnibus sessilibus, superioribus ex cordato lanceolatis crenatis; planta breviter pilosa.

V. blattarioides Link. et Hoffm. — Foliis omnibus sessilibus, intermediis et superioribus angustissime lanceolatis acutis, minute dentatis, bracteis minimis; planta longiuscule pilosa, ovarium et stylus pilis furcatis instructi.

× V. Lemaitrei Boreau, Mém. de la Soc. ac. de Maine-et-Loire, t. XXII, p. 13 (*Blattarioides + Thapsus?*) — Tige dépassant 1 mètre, arrondie, rougeâtre, à rameaux dressés parallèlement à la tige, longuement dépassés par l'axe. Feuilles radicales très-grandes étroitement oblongues inégalement crénelées, presque lobées, surtout à la base, les caulinaires inférieures de même forme sessiles, les moyennes et les supérieures lancéolées acuminées, finement crénelées, semi-décurrentes en une aile étroiment cunéiforme, les raméales et les bractéales inférieures brusquement contractées en mucron. Fleurs solitaires ou géminées (d'après M. Boreau), très-écartées, à pédicelles égalant à peine le calice. Calice grand (6 à 10 mill.) partagé presque jusqu'à la base en 5 sépales étroitement lancéolés aigus. Corolle assez grande (25 à 30 mill.), plane, d'un beau jaune. Tous les filets staminaux pourvus de poils, les deux inférieurs moins abondamment, nus sur une face et au sommet. Poils des deux filets inférieurs tous violets, ceux de la paire moyenne mélangés au sommet de poils blanchâtres, ceux du filet supérieur presque tous blancs. Anthères très-inégales entre elles; les deux inférieures insérées très-obliquement. Stigmate capité, à peu près aussi large que haut. Les capsules sont avortées dans mes échantillons. — Conf. pl. VII, fig. 26.

Plante d'un vert jaunâtre, présentant sur toutes ses parties un tomentum court, peu serré, composé de poils simples ou fourchus, et en outre dans sa portion supérieure des poils capités glanduleux.

Hab. — Cher, Bois d'Yèvre, près Vierzon (Lemaitre in herbier Boreau)! — Loir-et-Cher. Villeherviers ! Lanthenay, sur les bords de la route de Salbris, à 2 kil. de Romorantin [1]. (Em. Martin.) — Maine-et-Loire. Ile St-Jean de la Croix. (Ledantec, herb. Boreau.)

Rapports et différences. — Cet hybride ressemble beaucoup aux deux suivants; mais on le distinguera toujours aisément du *V. Martini* à la forme arrondie de son stigmate et à ses deux anthères inférieures presque moitié plus courtes. C'est aussi la forme de son stigmate très-peu prolongé sur les côtés du style, qui permet de le séparer sûrement du *V. Bastardi*. Les pédicelles sont aussi plus courts que dans ce dernier hybride. Dans mes échantillons ils sont solitaires, mais il paraît que ce caractère n'est pas stable puisque M. Boreau lui attribue des *pédicelles la plupart géminés*. Enfin en cas de doute il sera bon de s'assurer des parents. Car on ne saurait se dissimuler que les deux hybrides ne soient très-voisins, bien que devant certainement être séparés, comme n'ayant pas les mêmes ascendants.

Observ. — La parenté du *V. Lemaitrei* me laisse quelques doutes, au moins d'un côté. Nous l'avons

[1] J'ai rédigé ma description sur les spécimens recueillis en Loir-et-Cher sans être complétement certain de leur identité avec les types de M. Boreau. Ils ressemblent beaucoup à l'hybride du bois d'Yèvre, mais ils diffèrent sensiblement de la plante de Maine-et-Loire, dont les pédicelles sont plus allongés et presque tous géminés. (*Note ajoutée à l'impression.*)

trouvé, M. Em. Martin et moi, dans un champ où pullulait le *V. blattarioides*, sans aucun mélange de *V. blattaria*. Ici donc certitude aussi complète que possible. Mais avec le *V. blattarioides*, croissaient en quantité notable, les *V. thapsiforme* et *thapsus*. De ce côté le doute est donc nécessaire. Toutefois la forme capitée du stigmate m'a engagé à lui assigner le *V. thapsus* comme ascendant. Cette opinion acquiert un nouveau degré de probabilité, de l'existence bien constatée d'un autre hybride né des *V. thapsiforme* et *blattarioides* et dont le stigmate offre une forme tout à fait différente empruntée à celui du *V. thapsiforme*.

Il est regrettable que M. Boreau n'ait pas été à même de constater la parenté d'une façon plus rigoureuse. « Si comme on peut le supposer, dit-il, ce *Verbascum* est « un hybride, il ne peut rien devoir au *V. sinuatum* « étranger à nos contrées, il pourrait provenir du *Verb.* « *phlomoides* fécondé par le *V. repandum*, seule espèce « qui ait pu déterminer ici, la forme sinuée des feuil- « les. » La parenté assignée par M. Boreau à son *Verb. Lemaitrei*, avec toute réserve du reste, ne saurait convenir à la plante de Loir-et-Cher. La forme sinuée des feuilles s'observe fréquemment chez le *V. blattarioides*, et ne saurait donc en rien infirmer l'origine que j'ai cru devoir lui attribuer.

× V. MARTINI Franchet (Blattarioides + Thapsiforme). Tige dépassant 1 mètre, arrondie, à rameaux courts, dressés, très-longuement dépassés par l'axe. Feuilles radicales..... les caulinaires inférieures....., les moyennes et les supérieures crénelées, lancéolées, aiguës, brièvement décurrentes, les raméales et les bractéales inférieures ovales, acuminées, Fleurs solitaires ou géminées supérieurement, très-distantes, à pédicelles courts, inégaux, souvent moins longs que le calice, parfois l'égalant à peu près. Calice médiocre (6 millim. environ), partagé jusqu'aux deux tiers en 5 sépales lancéolés, aigus. Corolle grande (30 à 35 mill.), plane, d'un beau jaune. Tous les filets staminaux munis de poils violacés, plus pâles sous l'anthère. Anthères très-inégales, les deux inférieures tout à fait adnées latéralement, environ deux fois plus courtes que leurs filets. Stigmate oblong, arrondi au sommet, très-décurrent sur les côtés du style, à décurrence égalant environ deux fois la portion libre de la surface stigmatique. Les capsules avortent. — Conf. pl. VII, fig. 27.

Plante d'un vert jaunâtre, à tomentum fin assez serré, composé de poils simples subulés ou fourchus, mélangés dans la portion supérieure de la tige à des poils capités glanduleux.

Hab. avec les parents. — Loir-et-Cher, Env. de Romorantin. (Em. Martin.)

Rapports et différences. — Le *V. Martini* se distingue facilement du précédent par la forme allongée de son stigmate et la dimension de ses anthères inférieures. Ces deux caractères peuvent aussi le faire reconnaître du suivant, bien que d'une façon moins tranchée; le *V. Martini* n'a point non plus le port diffus, les pédicelles allongés (au moins quelques-uns), du *V. Bastardi*. Toutefois, pour écarter toutes les chances de confusion il importe de bien connaître les parents.

Observ. — Ce bel hybride m'a été communiqué en août 1866 par mon excellent ami, M. Em. Martin, sous le nom de *V. thapsiforme virgatum!* La parenté de l'hybride ne fait aucun doute pour lui, et je le sais assez consciencieux observateur, pour accepter entièrement son opinion. La forme du stigmate, si fort ressemblant à celui du *V. thapsiforme*, suffisait à elle seule pour écarter tous les doutes à cet égard.

× V. Bastardi, Rœm. et Schult. Sys. vég. IV, p. 355. (Blattaria + Thapsiforme.) — Boreau, Fl. du cent. (éd. 3) II, p. 475. V. thapsiformi-blattaria G. et God. Fl. de Fr. II, p. 355. — Tige atteignant 2 mètres, très-rameuse, à rameaux allongés, flexueux, grêles. Feuilles crénelées, les caulinaires inférieures oblongues, sessiles, les moyennes et les supérieures ovales lancéolées, brièvement décurrentes, les raméales et les bractéales inférieures ovales, brusquement acuminées ; fleurs peu écartées, solitaires inférieurement, puis fasciculées par 2 à 7 ; pédicelles très-inégaux, les uns plus courts, les autres plus longs que le calice et la bractée. Calice très-variable (5 à 10 mill.), profondément divisé en 5 sépales lancéolés, aigus ou obtus. Corolles grandes (atteignant 35 mill.), planes, d'un beau jaune. Les 5 filets staminaux pourvus de poils, les deux inférieurs nus sur une face, à la base et au sommet. Poils tous violacés sur les étamines longues, ou seulement sur un côté, mélangés sur les trois autres, surtout la supérieure, de poils jaunâtres ou blancs. Anthères inférieures insérées très-obliquement, 2 à 3 fois plus courtes que le filet. Stigmate ovoïde, arrondi ou un peu tronqué au sommet, décurrent sur les côtés du style, à décurrence égalant au moins la portion libre, et souvent plus longue. Les capsules avortent constamment. — Conf. pl. VII, fig. 28.

Plante d'un vert grisâtre, à tomentum fin, peu serré, composé de poils simples subulés ou fourchus, mélangés dans la portion supérieure de la tige à d'autres poils capités glanduleux.

Hab. avec les parents. — Maine-et-Loire. Écouflant, Chalonnes, Bouchemaine, Sorges (Herb. Boreau). Nièvre, Nevers (Id.). Indre-et-Loire. Bourgueil (Herb. Delaunay). Loir-et-Cher, Billy (Em. Martin). Loiret, St-Mesmin, Orléans (Humnicki).

Rapports et différences. — Ses fleurs sont beaucoup moins écartées, et plusieurs pédicelles du double plus longs que dans les deux hybrides précédents. Ses rameaux m'ont toujours aussi paru plus nombreux et plus allongés ; mais il est probable que ce caractère n'est pas constant. Son stigmate ovoïde le fera aisément reconnaître sur le vif du *V. Lemaitrei*, et je dirai aussi du *V. Martini* qui offre cet organe beaucoup plus allongé. Mais je répéterai ici ce que j'ai déjà dit au sujet des hybrides précédents : qu'on ne peut les distinguer sûrement qu'en y joignant la connaissance exacte des ascendants.

Observ. 1. — M. Humnicki a figuré le stigmate de cet hybride comme s'il était tronqué au sommet. Ce n'est là qu'un cas particulier, et qui, au témoignage même de M. Humnicki, n'est pas constant sur un même individu. Pour ma part, j'ai toujours vu cet organe arrondi au sommet et un peu plus prolongé sur les côtés que ne le comporte la figure citée, qui n'en est pas moins pour cela la représentation exacte d'une forme se produisant quelquefois.

M. Reichenbach donne de cette plante une bonne description, mais la figure est tout à fait insuffisante et pourrait même induire en erreur, puisque la feuille unique (figurée), est simplement sessile. — Fl. Germ., t. XX, p. 21, tab. 30, fig. II.

Observ. 2. — Les trois hybrides que je décris ici ne seront jamais confondus avec le *V. virgatum*, dont les feuilles sont également un peu décurrentes, si l'on considère que leurs capsules avortent constamment et que la base du pistil offre toujours chez eux mélange de deux sortes de poils capités glanduleux et subulés simples ou fourchus, qui ne se remarquent pas dans les *V. virgatum* et *blattarioides*.

× V. MACILENTUM. Franchet. (Blattaria + floccosum !) Tige grêle de $0^m,80$ à $1^m,50$, simple ou rameuse. Feuilles radicales crénelées, étroitement oblongues, atténuées en pétiole, les caulinaires inférieures tout à fait semblables , les moyennes et les supérieures dentées, lancéolées, sessiles, les raméales et les bractéales ovales, souvent brusquement acuminées. Fleurs assez écartées fasciculées par 3-5 ; pédicelles inégaux, les uns égalant le calice, les autres deux fois plus longs que lui. Calice petit (3 à 4 mill.). divisé presque jusqu'à la base en 5 sépales linéaires aigus. Corolles médiocres (20 à 25 mill.), plane, d'un beau jaune. Tous les filets staminaux pourvus de poils violacés, les trois supérieurs offrant sous l'anthère quelques poils blanchâtres, les deux inférieurs, nus d'un côté et au sommet. Anthères peu inégales, les deux inférieures insérées obliquement. Stigmate capité, arrondi ou un peu déprimé au sommet. Les capsules avortent. — Conf. pl. VI, fig. 23 et 24.

Plante verte, à tige très-finement pubérulente, ainsi que les feuilles, ces dernières surtout en-dessous. Poils simples subulés ou fourchus, mélangés dans la portion supérieure de la tige avec des poils capités glanduleux.

Hab. avec les parents. — Loiret, bords du Loiret près du pont de St-Mesmin (Humnicki). — Loir-et-Cher. Tour en Sologne, au Riou !

Rapports et différences. Le *V. macilentum* se distingue de suite du *V. blattaria* à la pubescence, aux petites dimensions de ses calices ; et enfin à ses pédicelles réunis presque tous au nombre de 3-5, à l'aisselle de la bractée ; du *V. blattarioides*, à ses longs pédicelles et à ses petits calices. Il me paraît très-voisin du *V. pseudo blattaria* Schleich. considéré par tous les floristes, comme l'hybride des *V. lychnitis* et *blattaria* ; mais toutefois, il s'en éloigne par le mode d'insertion de ses anthères inférieures qui sont obliques, tandis que dans le *V. pseudo-blattaria*, elles se montrent transversales, au témoignage de MM. Grenier et Godron. Fl. de Fr. II, p. 558.

Ces deux floristes signalent en outre (loc. cit.), un autre hybride des *V. blattaria* et *lychnitis* dont les anthères inférieures sont obliques.

Je n'ai pas été à même de voir ces deux plantes, et j'avoue ne savoir comment différencier la dernière, *V. blattaria-lychnitis* Gren. et God., de mon *V. macilentum*, si ce n'est parce que les ascendants ne sont pas les mêmes.

Variations. — Cet hybride semble assez variable dans son mode de ramification qui se présente parfois sous forme de rameaux nombreux, allongés, ascendants (bords du Loiret), ou bien courts, dressés presque parallèlement à la tige (Tour en Sologne). J'ai vu assez de spécimens de cette plante pour pouvoir dire que toutes les transitions entre les deux formes se rencontrent; et cela s'explique facilement par le plus ou moins d'affinité de l'hybride vers l'un ou l'autre de ses parents.

Les feuilles de la plante de St-Mesmin sont également plus larges que celles de la plante de Tour en Sologne. La même dissemblance se remarque dans les stigmates, qui, bien que capités l'un et l'autre, sont arrondis dans le spécimen du Loiret (fig. 23), et déprimés dans celui de Loir-et-Cher (fig. 24).

Observ. — Ce n'est point à la légère que j'ai assigné pour parents à mon *V. macilentum,* les *V. blattaria* et *floccosum*. Et d'abord le premier est hors de cause, l'hybride en question lui empruntant la majeure partie de ses caractères. Quant au *V. floccosum*, comme il existe *seul* dans le voisinage immédiat, et je dirai même dans la région où j'ai recueilli le *V. macilentum*, je ne crois pas qu'on puisse raisonnablement mettre en doute son action, quand d'autre part, aucun caractère de l'hybride ne vient s'y opposer, et que nous retrouvons même chez lui bien que singulièrement affaiblie, la particularité d'un tomentum caduc et un peu floconneux.

J'avais tout d'abord considéré l'hybride trouvé par M. Humnicki sur les bords du Loiret, comme le *V. pseudo-blattaria*, Schleich. La description de cette plante donnée par les floristes lui convenait très-bien, sauf l'obliquité des deux anthères inférieures, caractère ne répondant point à la description donnée par MM. Grenier et Godron. Mais n'était-il pas un peu permis de faire bon marché de leur opinion, quand on pouvait constater une erreur portant sur le même point, dans leur description de leurs *V. thapso floccosum,* et *thapso lychnitis*, auxquels ils attribuent également des anthères inférieures transversales, erreur qui du reste, leur est commune avec plusieurs autres floristes ?

Toutefois la grande analogie de la plante du Loiret et de celle de Loir-et-Cher, m'inspira des doutes, que je communiquai à M. Humnicki. Il me répondit à ce sujet : « J'ai recueilli cette plante parmi les V. blattaria abon- « dants, et quelques V. floccosum. Quant au *V. lychni-* « *tis* il ne se trouve que dans une station très-éloignée « de celle-ci, derrière Folleville. »

Tels sont les motifs qui m'ont engagé à considérer le *V. macilentum* comme issu des *V. blattaria* et *floccosum* et en outre à assimiler la plante du Loiret à celle de Loir-et-Cher. J'espère qu'il me sera donné plus tard de rencontrer les véritables hybrides des *V. blattaria* et *lychnitis,* ce qui me permettra de signaler d'une manière certaine les différences qui ne sauraient manquer d'exister entre des produits d'une origine différente.

Je soupçonne qu'ils sont confondus dans plusieurs

herbiers sous la dénomination de *V. pseudo blattaria*. Si la Flore de France a défini exactement le mode d'insertion de l'anthère, il sera je pense facile de les distinguer, même sur le sec.

9. V. BLATTARIA. — L. Sp. 254; Schrad. Mon. II, p. 186; Boreau, Fl. du cent. (éd. 3), p. 475; Gren. et God. Fl. de Fr. II, p. 553.

Tige de $0^m,50$ à 1^m, arrondie, simple ou rameuse, à rameaux courts, dressés. Feuilles radicales crénelées ou sinuées lobées, étroitement oblongues, atténuées en pétiole, les caulinaires inférieures semblables, les moyennes et les supérieures sessiles, ovales lancéolées, dentées, les raméales et les bractéales inférieures cordiformes, acuminées. Fleurs distantes, solitaires, à pédicelles plus longs que les calices et les bractées (sauf les fleurs inférieures souvent dépassées par la bractée). Calice grand (1 centimètre), divisé presque jusqu'à la base en 5 sépales linéaires aigus, les supérieurs souvent dressés. Corolle grande (25 à 35 mill.), plane, d'un beau jaune, avec des stries violacées à la gorge ; filets staminaux très-inégaux, le supérieur parfois presque nul, tous munis de poils violacés, les deux inférieurs nus en bas et en haut et sur une face. Anthères très-inégales, l'impaire très-petite, les deux inférieures insérées très-obliquement sur le filet. Stigmate arrondi, à portion décurrente, égalant à peu près la surface libre. Capsule globuleuse égalant le calice. — Conf. pl. VI, fig. 22.

Plante d'un vert jaunâtre, presque glabre inférieurement, couverte dans sa partie supérieure et sur les calices d'une pubescence courte glanduleuse.

Poils exclusivement capités, glanduleux.

Hab. les terrains frais argilo-siliceux. A. C. dans tout le centre de la France.

Rapports et différences. — Le *V. blattaria* se distingue aisément de toutes les plantes de la section, à sa pubescence exclusivement composée de poils capités sans mélange d'aucune autre sorte de poils simples, subulés ou fourchus. Cette particularité ne lui est commune qu'avec l'espèce suivante qui n'a point comme lui les corolles jaunes et les crénelures des feuilles caulinaires moyennes, aiguës.

Variations. — Les feuilles radicales sont sinuées, ou simplement crénelées; les tiges ordinairement presque simples sont au contraire remarquables par le nombre de leurs rameaux dans le cas où elles ont été coupées au ras du sol. Mais cette exubérance de rameaux constitue à proprement parler un accident plutôt qu'une variété. Je l'ai observée fréquemment sur le bord des prés. La plante tranchée au mois de juin par la faux, émet des tiges très-rameuses à l'automne, et dans cet état, elle a été prise par plusieurs floristes pour le *V. pseudo blattaria.*

Observ. — Dans sa révision des espèces de la section Blattaria, M. Boreau distingue spécifiquement le *V. repandum* Willd., par ses feuilles radicales, fortement sinuées, ses pédicelles la plupart plus courts que la bractée, le *V. blattaria*, ayant les feuilles radicales, parfois un peu sinuées et les pédicelles tous plus longs que la bractée.

Je dois d'abord faire observer que Wildenow, Enum. plant. I, p. 225, distingue très-légèrement du *V. blattaria* son *V. repandum*, je crois même qu'à ses yeux la principale distinction résidait dans l'extrême brièveté du filet staminal supérieur, puisqu'il le compare sous ce rapport à son *V. glabrum* (Verb. blattarioides), en ajoutant en note, à propos de ces deux plantes : « Hoc (V. « blattarioides), et sequens (V. repandum), sub nomine « Celsiæ in hortis veniunt, sed quinque staminibus, gau-

« dent, quorum tria longiora et quintum brevissi-
« mum. » Cette brièveté de l'étamine supérieure lui paraissant d'une part devoir constituer une note spécifique de premier ordre, et d'autre part ne lui étant pas connue chez le *V. blattaria*, tel qu'il le concevait, il n'est point étonnant qu'il se soit cru en droit d'établir son *V. repandum* parallèlement à son *V. glabrum* ; caractérisant le premier par un état complétement glabre et des pédoncules supérieurs plus longs que la bractée, et le second par sa pubescence et ses pédoncules très-courts. Quant au *V. blattaria* il était à ses yeux hors de cause par une moindre inégalité dans les dimensions comparatives de ses filets staminaux.

Je ne pense donc pas que M. Boreau ait entendu le *V. repandum* de la même façon que Wildenow ; et d'autre part je ne connais pas de plante ayant autant d'analogie avec le *V. blattaria* et en même temps pourvue de pédoncules *presque tous* plus courts que la bractée. Cette particularité qui s'observe en partie chez tous les *V. blattaria* un peu vigoureux, ne convient en réalité qu'aux trois ou quatre fleurs inférieures dont la bractée n'est qu'une feuille un peu amoindrie.

Schrader admet aussi le *V. repandum* Wild., mais non pas au même titre que M. Boreau. Il le différencie principalement par la considération de la forme des feuilles. Il ne m'a pas été possible d'appliquer exactement la description de Schrader à aucune plante.

10. V. GLABRUM. Mill, dict n° 8, Ic. tab. 67.

Tige de $0^{m},60$ à 1^{m}, arrondie, simple ou à rameaux courts ascendants. Feuilles radicales oblongues, atténuées en pétiole, obtuses crénelées, les caulinaires inférieures semblables, les moyennes et les supérieures bordées de quelques crénelures larges, inégales et superficielles, sessiles, demi embrassantes à la base, ovales subtriangulaires dans leur pourtour, les raméales et les bractéales inférieures, tout à fait cordiformes, acuminées. Fleurs solitaires à pédicelle égalant la bractée inférieurement, les supérieurs plus longs. Calice grand (1 cent.) très-étalé en étoile pendant l'anthèse, partagé presque jusqu'à la base en 5 sépales lancéolés un peu obtus. Corolle grande (3 à 4 cent.), blanche, lavée de rose extérieurement. Filets staminaux très-inégaux, tous pourvus de poils violacés, blanchâtres sous l'anthère, les deux inférieurs moins abondamment et nus à la base, au sommet et sur une face, anthères très-inégales, la supérieure très-petite, les deux inférieures très-obliques. Stigmate capité, aussi large que haut. Capsule globuleuse.

Plante d'un vert foncé, à pubescence exclusivement composée de poils capités, très-rares dans sa partie inférieure, plus abondante au sommet et sur les calices.

Hab. les murs à Civray (Vienne). M. Boreau ne dit point s'il considère la plante comme tout à fait spontanée ou seulement introduite.

Rapports et différences. — Le *V. glabrum* ne se rapproche que du *V. blattaria* dont je le crois suffisamment distinct par la coloration de ses fleurs, les crénelures de ses feuilles caulinaires moyennes, qu'il serait peut-être plus exact de décrire comme étant très-superficiellement sinuées, par la teinte vert sombre de son feuillage. Tous ces caractères semblent se reproduire indéfiniment par la culture.

Observ. — Le *V. glabrum* n'est généralement pas admis comme type spécifique par les floristes. Je ne puis trop m'expliquer pourquoi, car cette plante est d'une distinction bien plus facile qu'une foule d'autres qu'il est d'usage de décrire sans conteste dans les flores, et qui sont loin d'offrir la même stabilité.

Schrader le considérait comme une variété du *V. blattaria*, tout en faisant observer qu'il est très-facile de le confondre avec le *V. repandum* Wild.

Je ne sais trop quelle est la patrie de cette plante ; je la soupçonne seulement naturalisée à Civray, et je l'ai décrite sur des individus nés de graines provenant du Muséum.

Remarques générales sur les hybrides appartenant à la section Blattaria.

1° Tous les hybrides résultant du croisement d'une espèce de la section Blattaria, avec une espèce d'une autre section, sont caractérisés par la présence, au moins sur les pédicelles et sur les calices, de poils capités glanduleux.

2° Les poils rameux, à divisions comme verticillées, ne se rencontrent jamais sur les hybrides qui comptent pour un de leurs ascendants une espèce de la section blattaria ; c'est-à-dire que le tomentum de ces hybrides est exclusivement composé d'un mélange de poils simples, subulés ou fourchus, avec des poils capités, glanduleux.

3° Les hybrides nés des *V. blattarioides* ou *blattaria*, se ressemblent beaucoup entre eux. Toutefois j'ai remarqué que l'action de la première espèce se manifestait surtout par la brièveté des pédicelles et l'écartement des fleurs. L'action du *V. blattaria* peut se reconnaître aux fascicules de fleurs plus rapprochés et plus fournis, aux pédicelles plus allongés, très-inégaux, souvent doubles du calice.

Des observations faites sur un plus grand nombre

d'individus et sur d'autres types hybrides appartenant à la même section, permettront d'apprécier la réalité des lois que je signale ici sous toute réserve.

Cheverny, 31 mars 1868.

A. FRANCHET.

EXPLICATION DES PLANCHES.

En m'envoyant les épreuves de ses dessins, M. Humnicki m'adressait en même temps, sous ce titre trop modeste : *Explication des planches*, les notes suivantes, auxquelles j'ose l'espérer, la Société voudra bien faire accueil en considération de leur haut intérêt.

A. F.

Cher Monsieur,

Vous avez dû recevoir enfin, l'épreuve de nos croquis. Ne pensez-vous pas qu'il soit utile de les accompagner de quelques observations, autant pour en atténuer les défauts que pour faire sentir ce qu'il y a de réellement bon? — Voici donc ce que je voudrais pouvoir dire à vos lecteurs sous le titre de : *Explication des planches.*

En composant les planches de la présente monographie on n'a eu pour but que de venir en aide à l'insuffisance de la terminologie dans la description des organes floraux, sous le rapport des *formes*. L'expression *delineavit* est prise ici dans son antique et véritable sens. — On s'est préoccupé des *contours*, abstraction faite de toute vestiture. Il n'a été fait d'exception que pour les appendices particuliers aux étamines, improprement appelés poils, et qu'on n'eût pu éliminer sans altérer par trop cette physionomie si caractéristique que ces appendices donnent aux fleurs du genre Verbascum. C'était déjà une difficulté considérable, en présence des ressources locales si restreintes en lithographie. Cette difficulté a été vaincue avec un véritable talent, par M. Hérard, l'artiste chargé de ce travail, qu'il a exécuté entièrement à la plume. Mais il n'eût pas fallu l'aggraver en essayant de figurer l'épais tomentum qui couvre, par exemple, les calices ; la difficulté eût été inabordable peut-être et eût certainement rendu obscures les formes qu'il importe de connaître avec précision.

Il était utile cependant de rectifier, à cette occasion, l'opinion erronée dans laquelle persistent les auteurs en affirmant que le tomentum des verbascum se compose de *poils étoilés*. On a donc figuré, à la marge droite de la dernière planche, *six types principaux* de ces poils reproduits sur le vif avec la plus stricte exactitude, sous un grossissement de 13 à 15 fois. Ces poils, dans les deux premières sections de Verb. sont, en effet, *articulés* et *rameux*, composés généralement de *neuf* à *dix*, quelquefois *douze* articles figurant, dans leur ensemble, une espèce de tige plusieurs fois *géniculée*, comme en zigzag, divisée par des nœuds supportant chacun de un à quatre poils, jamais davantage, se dirigeant dans tous les sens, et deux ou trois fois aussi longs que les articles qu'ils séparent. Le sommet seul de cette petite tige est couronné par 3 à 12 poils de différentes longueurs et directions. Le type n° 1, appartient aux espèces représentées par les croquis 1, 2, 3 et 4. Le type n° 2 semble appartenir surtout au *Verb. nothum* (fig. 5) ; le type n° 3, aux espèces légitimes de la 2e section, car ici il faut tenir compte de l'hybridation. En général on peut affirmer que les poils des deux premières sections de Verb. varient à l'infini entre les trois types indiqués ci-dessus. Les poils du *V. floccosum* se distinguent entre tous par leurs dimensions à peine perceptibles, leur blancheur et surtout par leur fragilité et leur caducité. Les types 4, 5 et 6 appartiennent exclusivement aux verbascum de la 3e section (Blattaria), et, ce qui est remarquable, c'est que l'hybridation ne se fait sentir ici que par la production de poils *fourchus*. Cependant le *V. macilentum* Franch., présente quelques poils à deux ou trois articles portant sur les nœuds des poils simples isolés [1].

Quant aux organes de la fleur en eux-mêmes, on a figuré l'*anthère inférieure droite* et le *stigmate* de chaque espèce avec un grossissement suffisant pour en apprécier les contours.

Le *stigmate* surtout, assez négligé jusqu'à présent par les auteurs, a été dessiné avec un soin tout particulier. Pour le plus grand nombre d'espèces on l'a représenté par ses deux faces et par son profil. — La face *interne* est toujours celle où le stigmate occupe la moindre surface. Lorsque la différence, sous ce rapport, était insignifiante entre les deux faces, on s'est contenté de reproduire la face *externe*. Pour quelques espèces on a représenté, toujours dans le même système, deux sortes de stigmates pour faire voir les variations qui se rencontrent. Les croquis nos 2, 5 et 18 en offrent des exemples. Pour l'espèce représentée par le croquis n° 17 (V. ramigerum), on en a même dessiné trois, tels qu'on les a vus dans la nature sur un même individu.

La *corolle*, le *calice* et le *fruit* sont partout de *grandeur naturelle*. Les botanistes savent quel sens il faut

[1] Il ne m'a pas été possible, malgré d'attentives recherches, de constater ce fait. (A. FRANCHET.)

attacher à cette expression. Cependant la présente monographie étant destinée, non-seulement aux botanistes, mais encore à ceux qui voudraient le devenir, il est nécessaire peut-être, d'ajouter quelques explications. C'est surtout la corolle, comme frappant le plus le regard, que ces explications doivent concerner.

Ici, comme partout ailleurs dans ses productions, la nature semble osciller pour la création définitive de chaque espèce, autour d'un certain type particulier. L'œil exercé du botaniste suit aisément les traces de ce type à travers la profusion d'ébauches imparfaites, et parmi les formes accidentelles ou mal réussies [1]. Il suffit donc de choisir les corolles qui se représentent le plus souvent dans une espèce et de copier celle qui, par son ensemble, figure le mieux la moyenne en quelque sorte, pour avoir l'image vraie du type. Ce travail préalable est presque toujours facile pour les espèces qu'on est convenu d'appeler *espèces légitimes* et que j'aimerais mieux désigner sous le nom d'espèces *primitives*. Leur abondance procure facilement le modèle cherché. Il n'en est pas de même pour les espèces *secondaires*, dérivées ou *intermédiaires*, qu'on a l'habitude de considérer comme *hybrides*.

La connaissance du *degré* et de la *nature* de la parenté serait ici le meilleur guide. Malheureusement la recherche de la paternité, quoique désirée et permise est encore plus difficile à faire ici que là où elle est interdite. En outre, ces espèces dérivées possèdent presque toujours deux ou trois types : les deux types des deux espèces qui ont concouru à la production et le type inter-

[1] En créant l'espèce, le Souverain Maître de la nature a pu sans doute lui attribuer la variabilité dans une *limite définie;* mais je ne saurais admettre des *oscillations* et des *ébauches imparfaites* dans l'œuvre de Dieu. Ce sont nos observations qui oscillent et manquent de perfection. A. F.

médiaire entre les deux donnant en quelque sorte la moyenne vraie.

Exemples :

1° L'espèce connue sous le nom de *V. adulterinum* Wild., m'a offert, dans les deux seuls individus que j'aie pu rencontrer vivants, deux formes bien distinctes : les tiges principales portaient des corolles du *V. nigrum* agrandies, et les branches latérales portaient des corolles du *V. thapsiforme* rapetissées. Le mieux, sans aucun doute, eût été de faire figurer ces deux formes pour représenter l'espèce ; mais les limites posées d'avance à la composition des planches n'ont pas permis d'agir ainsi. On a donc choisi pour modèle une corolle de la tige principale, en la copiant exactement et de grandeur naturelle.

2° Le V. *nothum* Koch., qui abonde aux environs d'Orléans, présente, à cause peut-être de cette abondance même, trois types bien caractérisés, portés par des individus distincts : ses corolles reproduisent tantôt les traits du V. *thapsiforme réduit*, tantôt ceux du V. *floccosum agrandi* et tantôt cette espèce donne des corolles *sui generis*, véritables intermédiaires entre les deux autres formes. C'est donc évidemment ce dernier type seul qu'il a fallu prendre pour modèle ne pouvant les reproduire tous trois.

C'est par cette méthode qu'on a obtenu les corolles de *grandeur naturelle* pour les croquis qui composent les planches de la Monographie. Le soussigné ne prétend certainement pas avoir fixé ainsi les *types définitifs* des espèces décrites ; mais le lecteur peut être assuré de tenir entre ses mains des images fidèles des individus qui ont réellement vécu et qui pourront servir de points de ralliement convenables pour grouper les faits nouveaux que sa sagacité fera découvrir. A ce point de vue l'auteur des planches peut affirmer qu'il a pris tous les soins possibles pour répondre dignement à l'honneur qu'on lui a fait en lui demandant son concours. Il lui reste cependant une observation à consigner ici, c'est que, dans l'impossibilité de se procurer les types vivants de certaines espèces très-rares, il a dû en exécuter les croquis sur les *exsiccata*. Ces exceptions avec la provenance des modèles sont indiquées dans la Légende ci-dessous, dont les numéros d'ordre correspondent aux numéros des figures.

Orléans, 6 mars 1868.

W. Humnicki.

LÉGENDE.

I. — Thapsus.

1. V. Thapsus, L.
2. V. Thapsiforme, Schrad.
3. V. Humnickii, Franchet.
4. V. Nouelianum, Franchet.

II. — Lychnitis.

5. V. nothum, Koch.
6. V. floccosum, Waldst et Kit.
7. V. Euryale, Franchet.

8 et 9. V. Godronii, Bor.

10. V. Lamottei, Franchet (exsicc. Herb. Franchet).
11. V. lychnitis, L.

12. V. Nisus, Franchet.
13. V. foliosum, Franchet (exsic. Herb. Franchet).
14. V. spurium, Koch.
15. V. dimorphum, Franchet.
16. V. heterophlomos, Franchet.
17. V. ramigerum, Linck.
18. V. nigrum, L.
19. V. auritum, Franchet.
20. V. adulterinum, Koch.
21. V. Wirtgeni, Franchet.

III. — Blattaria.

22. V. Blattaria, L.
23 et 24. V. macilentum, Franchet.
25. V. Blattarioides, Lam.
26. V. Lemaitrei, Bor. (exsic. Herb. Fr.)
27. V. Martini, Fr. (exsic. Herb. Fr.).
28. V. Bastardi, Rœm. et Schult.

APPENDICE.

Page 106. — V. THAPSUS. Il est nécessaire, je crois, de distinguer deux variétés dans cette espèce, résultant de la présence ou de l'absence de villosité sur les deux filets staminaux inférieurs que presque tous les floristes décrivent comme nus ou à poils rares. Toutefois M. Bentham, Prod. X, p. 226, dit que l'état glabre s'observe principalement dans le Nord, tandis que dans les contrées méridionales, les filets sont souvent velus. Cette remarque est très-juste. Dans le centre de la France, les filets staminaux inférieurs complétement nus se rencontrent rarement et cet état m'a paru coïncider presque toujours avec des corolles petites et très concaves.

Les sables brûlants de la Loire, aux environs d'Orléans, produisent au contraire une forme à filets staminaux très-velus (presqu'à l'égal de ceux du *V. floccosum*). MM. Nouel et Humnicki ont observé un grand nombre d'individus présentant cette particularité et dont la corolle était en même temps grande et presque plane.

Mais entre ces deux formes extrêmes il en existe une autre que j'ai fréquemment observée et qui est tout à fait intermédiaire. Les deux filets staminaux inférieurs offrent quelques poils épars, les corolles sont médiocres et peu concaves. C'est le type décrit dans toutes les flores de l'Europe centrale.

Il est évident qu'il ne serait pas sage de considérer comme espèces deux variétés ainsi reliées par une forme intermédiaire. Toutefois pour la facilité de l'étude aussi bien que pour l'exactitude de la description, il est bon de séparer ces formes dont la réunion est de nature à embarrasser l'observateur non prévenu. Je propose donc les trois variétés suivantes :

α. borealis. — Filets staminaux inférieurs tout à fait nus; corolle petite (15 à 20 mill.), concave. R.

β. intermedia. — Filets staminaux inférieurs offrant quelques poils épars; corolle médiocre (20 à 25 mill.) C. C.

γ. australis. — Filets staminaux inférieurs couverts d'une villosité abondante; corolle grande (25 à 30 mill.), presque plane. R. Sables de la Loire à Orléans. (Humnicki, Nouel.)

Page 108. — V. MONTANUM. L'observation précédente me paraît devoir s'appliquer au *V. montanum.* Les specimens de Loir-et-Cher, ont les filets staminaux à peu près nus. La plante de la Dordogne et de la Toscane les offre au contraire assez velus. C'est probablement cette dernière forme que Koch, Synopsis Fl. Germ., et M. Boreau, Fl. du centre ont eue sous les yeux quand ils ont attribué à leur *V. montanum* des filets staminaux inférieurs *velus.*

Page 110. — V. HUMNICKII.— Loir-et-Cher. Cheverny à Villavrain parmi les *V. thapsus* et *thapsiforme.* J'ai observé dans la même localité une autre plante très-voisine du V. Humnickii, mais dans la production de laquelle le rôle des parents semble interverti. Le stigmate ressemble beaucoup à celui du *V. thapsus*, mais il est un peu décurrent sur les côtés. Les anthères des étamines inférieures sont insérées latéralement comme celles du *V. thapsiforme*, mais plus petites de moitié. Les capsules avortent. Je me contente de signaler ici cette plante qui ne m'est pas suffisamment connue.

Page 117. — V. Nouelianum. M. Nouel me suggère que cet hybride pourrait être issu du *V. thapsiforme* et du *V. thapsus*, var. *β. australis*, au milieu desquels il l'a rencontré cette année encore. Je lui avais attribué une autre origine possible, mais je dois reconnaître que l'opinion de M. Nouel a tout autant de probabilité que la mienne. Le *V. Nouelianum* se distingue facilement du *V. thapsus β. australis* par la forme allongée de son stigmate et son port qui est celui du V. thapsiforme.

Après le *V. Nouelianum*.

V. diphyon Franchet. Tige de 1^{m} 45, arrondie, grêle, rougeâtre, presque simple. Feuilles inférieures oblongues, obtuses, sessiles, finement et inégalement dentées, les caulinaires inférieures et moyennes lancéolées, un peu ondulées, brièvement décurrentes, dentées seulement dans leur moitié inférieure, très-superficiellement sinuées; feuilles supérieures ovales, à peine visiblement crénelées; les raméales et les bractéales sessiles embrassantes, cordiformes acuminées entières. Glomérules très-espacés de 4 à 6 fleurs. Pédicelles plus courts que le calice. Calice atteignant 1 centimètre, partagé jusqu'aux trois quarts en cinq sépales lancéolés triangulaires aigus. Corolle jaune, très grande (5 centimètres), à lobes arrondis. Tous les filets staminaux pourvus de poils jaunâtres, les deux inférieurs seulement d'un côté. anthères des étamines longues adnées latéralement, cinq fois plus courtes que le filet; stigmate lancéolé obtus très-décurrent sur les côtés du style, capsule.....

Plante d'un vert jaunâtre, à tomentum lâche, allongé sur les tiges, peu abondant sur les feuilles, plus blanc et plus fourni sur les calices et les pédicelles.

Hab. — Loiret, Les Roches-Madeleine, près Orléans. (Humnicki, 1867.)

J'ai décrit cette plante sur l'individu unique trouvé par M. Humnicki, en m'aidant de ses notes et de l'excellent croquis fait sur le vif qu'il a eu l'obligeance de me communiquer.

Le *V. diphyon* est une espèce curieuse. M. Humnicki soupçonne qu'il pourrait être un hybride des *V. thapsiforme* et *sinuatum*. Ces deux espèces croissant aux environs d'Orléans, cette supposition n'est point invraisemblable surtout si l'on considère la forme sinuée (très-superficiellement du reste) des feuilles caulinaires. Mais à part ce caractère, rien ne rappelle le *V. sinuatum*. Les poils des filets staminaux sont jaunâtres, sans mélange de poils violacés; les corolles sont celles du *V. thapsiforme*, et le stigmate est celui de cette dernière espèce un peu diminué.

Je suis plutôt tenté de considérer cette plante comme une espèce légitime, l'avortement des capsules n'impliquant pas nécessairement l'hybridité. Son *facies* est tout oriental et rappelle assez bien le *V. rigidum* Boiss. et Held., de l'île de Poros dont il diffère complétement du reste par ses étamines et son stigmate.

Quant à sa présence aux environs d'Orléans elle est imputable à la même cause que celle qui constitue, à Montpellier, la florule du port Juvénal. Le port St-Jean où l'on débarque les laines étrangères est distant de

3 kilom. à peine, en amont, du lieu où M. Humnicki a trouvé le *V. diphyon.*

Quoi qu'il en soit de son origine, c'est une fort belle plante que je ne trouve décrite nulle part et dont il est assez difficile d'assigner la place dans la série naturelle. La disposition de ses glomérules la rend en quelque sorte intermédiaire entre les § 1 *Thapsoidea* et § 2 *Glomerata* de la section II *Lychnitis* du Prodrôme; mais par tous ses autres caractères elle se rapproche de la section I *Thapsus,* où l'on doit je crois la placer dans le voisinage du *V. longifolium* Ten. En considération de cette ambiguité je l'ai nommée *V. diphyon.*

Page 121. — V. GODRONI, var. *α discolor.* — Maisonfort, près Orléans (Nouel.)

Page 125. — V. LAMOTTEI, var. *α discolor.* — Château de la Porte, près Orléans (Nouel.)

Chacune des variétés *discolor* et *concolor* de cet hybride offre deux formes, l'une simple, l'autre très-rameuse paniculée.

Page 140. — V. DIMORPHUM. — Cet hybride ressemble beaucoup au *V. lychnitis + phlomoides* Reissek, Verh. der. zool. botan. gesell. in. Vien. 1855. p. 512. — *V. Reissekii* Kerner mss., dont M. Kerner m'a communiqué un échantillon authentique. Mais outre que l'un des parents est différent, chez le *V. Reissekii* les glomérules sont très-espacés sur toute la longueur des rameaux, les fleurs sont moins nombreuses dans chaque glomérule, les pédicelles souvent plus longs que le calice. Le stigmate m'a semblé lancéolé, autant du moins que l'on en peut juger sur le sec.

Page 144 avant le *V. floccosum.*

V. SINUATUM. L. sp. 254. Tige de $0^{m},50$ à 1 mètre, très-rameuse, à rameaux grêles, ascendants, effilés. Feuilles radicales très-épaisses doublement dentées sinuées pinnatifides, souvent très-ondulées, sessiles, les caulinaires et les moyennes de même forme plus ou moins décurrentes, les supérieures dentées, parfois entières; feuilles raméales et bractéales sessiles ou très-brièvement décurrentes triangulaires cordiformes. Glomérules très-espacés, composés de 2 à 4 fleurs, à pédicelles inégaux, les plus longs égalant à peine le calice petit, partagé presque jusqu'à la base en 5 sépales triangulaires aigus, corolle médiocre (20 mill. environ); tous les filets staminaux nus à la base, couverts de poils courts blanchâtres et violacés, les trois supérieurs jusque sous le connectif; toutes les anthères insérées transversalement, stigmate capité déprimé, capsule ovoïde arrondie à peine plus longue que le calice.

Plante couverte d'un tomentum épais jaunâtre ou verdâtre, moins abondant sur les feuilles supérieures.

Hab. les sables arides, les lieux secs et pierreux. Loire-Inférieure, le Croisic (Lloyd Herb. Boreau). Loiret, Sables de la Loire, à Melleray, près Orléans (Nouel, 1853). La plante se retrouve tous les ans disséminée çà et là aux alentours de la localité primitive.

Observ. — Les poils des filets staminaux de cette espèce sont courts et égaux entre eux, et non point décroissant en bas et en haut du filet comme on l'observe chez toutes les autres espèces occidentales, qui en outre ne les présentent jamais aussi nombreux sur les deux filets staminaux inférieurs. Je ne connais d'analogues que ceux du *V. mucronatum* et de quelques autres espèces d'Orient.

Les rejets du *V. sinuatum* ont souvent les feuilles tout à fait entières ou très-superficiellement ondulées sur les bords. Mais cette particularité ne saurait constituer une variété puisqu'elle résulte d'un accident.

Page 157. — V. SCHOTIANUM. — Loiret : Villefallier, près Jouy-le-Pothier (Nouel). La plante de Villefallier est plus verte qu'elle ne se présente d'ordinaire. Toutefois l'on y retrouve les principaux caractères attribués à cet hybride. Parmi les spécimens assez nombreux recueillis par M. Nouel, quelques-uns offrent des transitions au *V. Wirtgeni*. Ceci du reste n'a rien de surprenant si l'on considère que les *V. Schottianum* et *Wirtgeni* résultent du croisement des mêmes parents, mais dont le rôle a été interverti.

ERRATA.

Partout où l'on a imprimé : poils bi-trifurqués, il faut lire : poils fourchus.

CLEF ANALYTIQUE

DES ESPÈCES OU HYBRIDES DE *VERBASCUM*

PRÉCÉDEMMENT DÉCRITS.

Nota. — L'absence de poils sur tous les filets staminaux, constitue la variété *gymnostemon*. Cette particularité a été observée sur les *V. thapsiforme, nigrum, lychnitis, blattaria,* et peut se produire selon toute probabilité, chez toutes les espèces.

1	Bractées et calices pourvus de poils capités, glanduleux..........................	29
	Bractées et calices n'offrant jamais de poils capités glanduleux....................	2
2	Toutes les feuilles sessiles.................	3
	Quelques feuilles plus ou moins décurrentes..	12
3	Les deux anthères inférieures, ou tout au moins l'une d'elles, plus ou moins obliques sur le filet..........................	4
	Toutes les anthères insérées transversalement..............................	5
4	Glomérules longuement dépassés par les bractées. — *V. foliosum*........... Page 142	
	Bractées plus courtes que les glomérules. — *V. dimorphum*................. Page 140	
5	Poils des filets staminaux tous blancs ou jaunâtres dans toutes les corolles...........	6
	Poils des filets staminaux en partie violacés, au moins dans quelques corolles...........	7

6	Feuilles raméales, et bractées inférieures lancéolées, atténuées au sommet ; tomentum fin, poudreux, grisâtre. — *V. lychnitis*........................ Page 153	
	Feuilles raméales et bractées inférieures cordiformes, brusquement acuminées, tomentum blanc, cotonneux, caduc. — *V. floccosum*........................ Page 144	
7	Feuilles radicales cordiformes. — *V. nigrum*........................ Page 155	
	Feuilles radicales, oblongues, ovales ou contractées à la base, mais jamais cordiformes.	8
8	Poils des filets staminaux, d'un violet pâle, souvent peu abondants et peu apparents..	9
	Poils des filets staminaux d'un beau violet...	10
9	Plante grisâtre à tomentum fin, poudreux; port du V. lychnitis. – *V. Nisus*.. Page 150	
	Plante à tomentum cotonneux, plus ou moins caduc; port du V. floccosum. — *V. Euriale*........................ Page 147	
10	Plante grisâtre, à tomentum fin, poudreux ; port du V. lychnitis. — *V. Schiedeanum*... .... Page 162	
	Tomentum blanchâtre, épais, persistant, ou peu serré, caduc........................	11
11	Tomentum blanchâtre, épais, persistant, feuilles inférieures longuement pétiolées. — *V. Schottianum*................ Page 157	
	Tomentum peu abondant, surtout à la face supérieure des feuilles; feuilles inférieures sessiles ou à peu près.— *V. Wirtgeni*. Page 160	
12	Les deux filets staminaux inférieurs nus ou pourvus seulement de quelques poils épars.	13
	Tous les filets staminaux à peu près également pourvus de poils..................	17
13	Stigmate capité, jamais plus long que large..	14
	Stigmate allongé, plus long que large.......	15

14 — Feuilles à décurrence parcourant toute la longueur du mérithale. — *V. thapsus*. Page 106
Feuilles brièvement décurrentes. — *V. montanum*........................ Page 108

15 — Anthères inférieures une fois environ plus courtes que leur filet ; stigmate au moins trois fois plus long que large............. 16
Anthères inférieures trois fois plus courtes que le filet ; stigmate à peine une fois plus haut que large. — *V. Humnicki*. Page 110

16 — Décurrence des feuilles parcourant tout le mérithale. — *V. thapsiforme*..... Page 112
Décurrence des feuilles courte. — *V. phlomoides*...................... Page 115

17 — Poils des filets staminaux en partie violacés.. 24
Poils des filets staminaux tous blancs....... 18

18 — Décurrence parcourant toute la longueur du mérithale, épi gros, serré............ 18 *bis*.
Décurrence courte ; glomérules disposés en épis interrompus dans toute leur longueur.. 19

18 *bis*. — Stigmate capité. *V. Thapsus*, var. *australis*, p. 192
Stigmate lancéolé. *V. Nouelianum*.. Page 117

19 — Stigmate lancéolé, au moins une fois plus haut que large.............................. 20
Stigmate capité, arrondi ou ovoïde......... 22

20 — Feuilles radicales à tomentum analogue à celui des feuilles caulinaires............. 21
Tomentun des feuilles très-allongé, épais, jaunâtre, celui des feuilles caulinaires ras et grisâtre. — *V. heterophlomos*.. Page 136

21 — Feuilles caulinaires inférieures superficiellement sinuées, calice long d'un centimètre. *V. diphyon*.................. Page 193
Feuilles caulinaires seulement crénelées ou dentées............................ 21 *bis*.

21 *bis.* Tomentum grisâtre, assez ras, rappelant celui du V. lychnitis.— *V. ramigerum* var. concolor.......................... Page 134
Tomentum blanc jaunâtre, épais, rappelant celui du V. floccosum.—*V. nothum* var. concolor........................ Page 119

22 Tomentum d'un blanc jaunâtre, rappelant celui du V. floccosum...................... 23
Tomentum d'un vert grisâtre rappelant celui du V. lychnitis. — *V. spurium*.... Page 138

23 Feuilles à décurrence étroite, longue, fleurs petites.—*V. Godroni* var. concolor. Page 121
Feuilles à décurrence courte, fleurs assez grandes — *V. Lamottei* var. concolor. P. 124

24 Feuilles inférieures sinuées pinnatifides. — *V. sinuatum*.................. Page 196
Feuilles inférieures seulement dentées ou crénelées............................ 24 *bis.*

24 *bis.* Plante verdâtre, à tomentum peu abondant, feuilles minces........................ 25
Plante d'un blanc jaunâtre à feuilles épaisses. 27

25 Stigmate deux fois aussi haut que large, oblong. — *V. adulterinum*...... Page 131
Stigmate capité, déprimé, plus large que haut. 26

26 Décurrence des feuilles caulinaires étroite, bractées plus courtes que les glomérules. — *V. collinum*.................. Page 127
Pétiole des feuilles caulinaires moyennes très-dilaté à la base, bractées plus longues que les glomérules — *V. auritum*.... Page 129

27 Stigmate lancéolé, deux fois aussi long que large. — *V. nothum* B. discolor.. Page 119
Stigmate capité, non deux fois aussi long que large................................ 28

28 Feuilles à décurrence étroite, longue, fleurs petites. — *V. Godroni* B. discolor... Page 121
Feuilles à décurrence large, courte, fleurs assez grandes. — *V. Lamottei* B. discolor........................ Page 125

29 Des poils fourchus mélangés aux poils capités glanduleux........................... 31
Poils exclusivement capités glanduleux...... 30

30 Corolles jaunes. — *V. blattaria*.... Page 179
Corolles blanches, lavées de rose extérieurement. — *V. glabrum*............ Page 181

31 Feuilles plus ou moins décurrentes......... 33
Feuilles sessiles........................... 32

32 Pédicelles tous plus courts que les calices. — *V. blattarioides*................ Page 166
Plusieurs pédicelles deux fois plus longs que le calice, plante grêle. — *V. macilentum*. .... Page 176

33 Plusieurs pédicelles, plus longs que le calice, fleurs fasciculées au moins supérieurement. *V. Bastardi*.................. Page 174
Pédicelles tous plus courts que le calice..... 34

34 Stigmate lancéolé oblong, trois fois plus long que large. — *V. Martini*........ Page 172
Stigmate capité ou ovoïde, une fois plus long que large........................... 35

35 Capsules avortées, ovaire et base du style offrant un mélange de poils capités et de poils subulés et fourchus.— *V. Lemaitrei*. Page 170
Capsules dévelopées, ovaire et base du style, couverts de poils tous capités. — *V. virgatum*........................ Page 168

TABLE DES ESPÈCES.

Lu en Séance de la Société Académique le 1er avril 1868.

ANGERS, IMP. P. LACHÈSE, BELLEUVRE ET DOLBEAU.

VERBASCUM

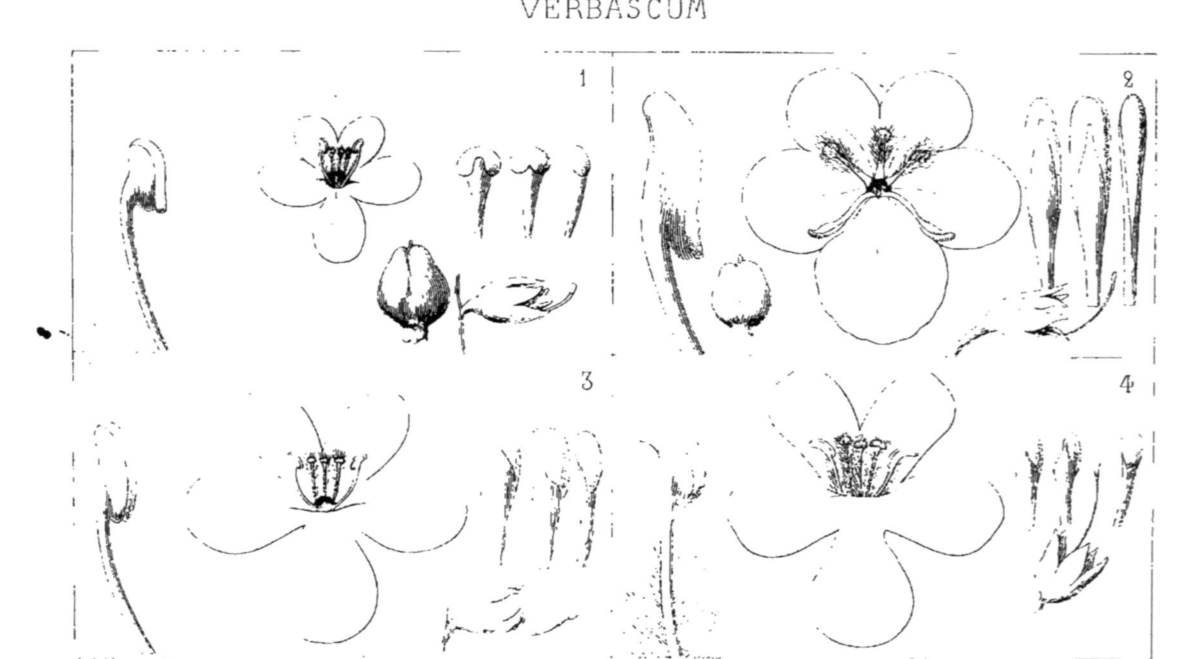

VERBASCUM

5

6

7

8

W. Humnicki ad nat. del.

Litho G. Jacob à Orléans

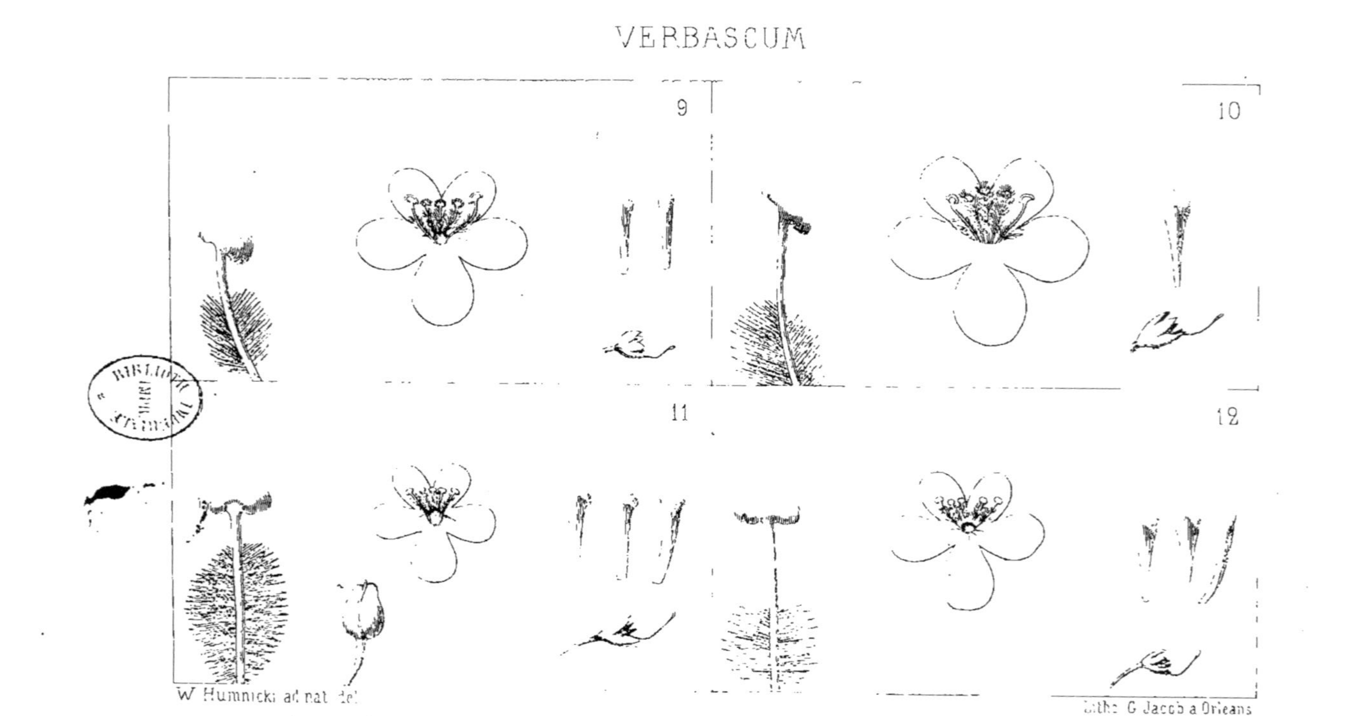
VERBASCUM
9
10
11
12
W. Humnicki ad nat. del.
Lith. G. Jacob à Orléans

VERBASCUM.

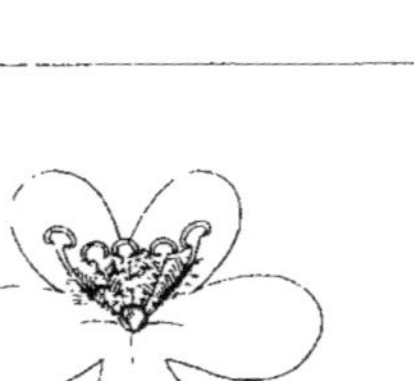
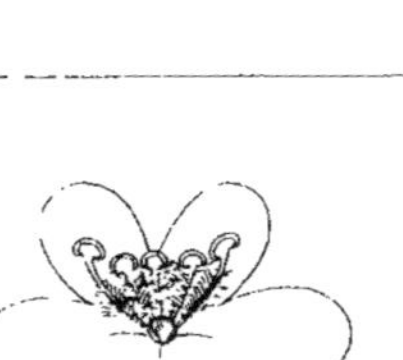

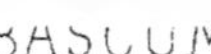
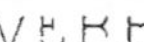

13 14 15 16

W Humnicki ad nat del

Litho G Jacob à Orleans

BIBLIOTH. IMP.

VERBASCUM

17

18

19

20

W Hurcn..ski ad nat del

Litho G Jacob à Orléans

VERBASCUM.

21

22

23

24

W. Humnicki ad nat. del

Litho G. Jacob à Orleans

BIBLIOTH. IMPÉRIALE INPR.

VERBASCUM.

25

26

1

2

27

28

3

4

5

6

W Humnicki ad nat del

Litho G. Jacob à Orléans.

BIBLIOTH. IMPÉRIALE IMPR

www.ingramcontent.com/pod-product-compliance
Ingram Content Group UK Ltd.
Pitfield, Milton Keynes, MK11 3LW, UK
UKHW022106190726
13855UKWH00002B/671

9 782013 046381